大型光伏电站直流升压汇集接入技术丛书

四川出版发展公益基金会
资助项目

四川省2021—2022年度重点图书出版规划项目

±30 kV光伏直流升压并网工程设计与应用

李胜男　徐　志　邢　超　王一波◎著
王　环　游　涛　张效宇　夏　雪

西南交通大学出版社
·成　都·

图书在版编目（ＣＩＰ）数据

±30 kV 光伏直流升压并网工程设计与应用 / 李胜男
等著. -- 成都：西南交通大学出版社，2023.6
　　ISBN 978-7-5643-8433-3

　　Ⅰ．①3… Ⅱ．①李… Ⅲ．①光伏电站 – 研究　Ⅳ.
①TM615

中国版本图书馆 CIP 数据核字（2021）第 257869 号

±30 kV Guangfu Zhiliu Shengya Bingwang Gongcheng Sheji yu Yingyong
±30 kV 光伏直流升压并网工程设计与应用

| 李胜男　徐　志　邢　超　王一波 | | 责任编辑 / 李芳芳　张少华 |
| 王　环　游　涛　张效宇　夏　雪 | /著 | 封面设计 / 吴　兵 |

西南交通大学出版社出版发行

（四川省成都市金牛区二环路北一段 111 号西南交通大学创新大厦 21 楼　　610031）
发行部电话：028-87600564　　028-87600533
网址：http://www.xnjdcbs.com
印刷：四川煤田地质制图印务有限责任公司

成品尺寸　185 mm×240 mm
印张　12.5　　字数　252 千
版次　2023 年 6 月第 1 版　　印次　2023 年 6 月第 1 次

书号　ISBN 978-7-5643-8433-3
定价　188.00 元

前 言

　　2021 年，我国提出实施可再生能源替代传统能源行动，构建以新能源为主体的新型电力系统。在此背景下，我国新能源行业迎来了空前的快速发展。据不完全统计，截至 2022 年 4 月底，我国风电装机容量约 3.4 亿千瓦，同比增长 17.7%；太阳能发电装机容量约 3.2 亿千瓦，同比增长 23.6%。大规模新能源的快速开发建设，必将促进我国能源和环境的向好发展。一方面，有利于我国能源结构向绿色能源转型，大大降低碳排放，改善自然环境；另一方面，将快速增加我国的装机容量和发电量，缓解当前频繁发生的季节性和结构性"电荒"。

　　太阳能是理想的、可再生的绿色能源，相对于传统的化石能源，太阳能的开发利用具有较好的清洁性、环保性和经济性，是实现能源"双碳"目标的最有效途径。光伏发电作为太阳能利用效果最好、应用范围最广的能源获取手段，近年来其装备制造和工程化技术发展较快。在国家实施"双碳"战略大背景下，为助力以新能源为主体的新型电力系统的建设，我国青海、新疆、云南等西部太阳能资源十分丰富的地区，迎来了光伏发电的快速发展。这些地区已建或在建的有多个百万千瓦级甚至千万千瓦级的大型太阳能电站，逐渐形成光伏发电基地。光伏发电基地可以聚集优势资源、发挥规模效应，极大地降低发电成本，是世界光伏发电规模化发展的重要方向。

　　由于大型光伏发电基地装机容量大和输送距离远等原因，传统的交流升压和交流送出接入系统方案已不再具有技术优势。传统的交流升压接入系统方案中，交流汇集系统存在的容抗、感抗大，引起的无功电压问题，逆变器谐波引发的交流汇集系统谐波谐振风险等问题，在大型光伏发电基地中被放大，逐渐成为制约大型光伏发电基地发展的技术瓶颈。随着光伏电站规模化、集中化发展带来的问题逐渐被发现和重视，以及电力电子技术和柔性直流技术的快速发展，光伏直流升压汇集接入系统方案成为光伏发电并网领域新的探索和尝试。

直流升压汇集并网技术，顾名思义，是不经过光伏逆变器，直接将光伏阵列输出的低压直流经 DC/DC 直流升压变流器升压到高压直流，升压后的高压直流经直流输电线路输送到逆变站，进行 DC/AC 变换后经交流变压器接入高压交流电网。相较于传统的交流升压汇集技术，直流升压汇集技术具有明显的技术先进性和经济性。一方面，直流升压汇集技术用直流电缆和 DC/DC 升压变流器取代了大量使用的交流电缆、逆变器和箱式变压器（简称箱变），减少了设备投资，节约了成本；另一方面，直流升压汇集技术避免了大型交流汇集系统的无功和谐波导致的系统电压稳定和谐振风险，同时减少了相关动态无功补偿设备和滤波设备的投资。

　　近年来，大型光伏直流升压汇集并网技术已成为国内外研究热点。国内外关于该并网技术的系统拓扑理论和控制保护策略优化等相关基础理论的研究较多，但相应的工程示范应用较少。技术装备方面，我国率先研制出高电压、大功率光伏直流升压变流器，其核心技术及系统通过试验验证，占据先发优势。国际上，光伏直流升压变流器及技术研究刚刚兴起。中国科学院电工研究所（简称中国科学院电工所）率先研制出 ±10 kV/200 kW 光伏直流升压变流器，奠定了我国在该领域的领先地位。国际上，研制出交错式升压直流变流器、磁耦合直流变流器、MCB-RS 直流变流器等 1 kV 以下、几千瓦以内的样机，出现了 1 kV/500 W 光伏功率优化器产品，但是一般不超过 3 倍升压比，尚没有研制出大功率高变比光伏直流升压变流器。示范应用方面，我国已有集散式光伏系统、光伏组件串联升压系统等 1.5 kV 以下直流汇集示范系统，但受制于关键部件和光伏组件耐压水平，电压等级难以继续提升；中国科学院电工所在 ±10 kV/200 kW 物理试验平台上验证了中高压直流汇集接入系统的可行性，提出基于设备冗余的直流串联升压系统方案。国际上，提出了接入高压直流系统的光伏阵列模块化级联直流升压等新型系统拓扑，尚未建立示范系统。

　　2016 年，国家重点研发计划"智能电网技术与装备"重点专项"大型光伏电站直流升压汇集接入关键技术及设备研制"项目开始实施。该项目研究内容涵盖光伏直流升压汇集并网技术理论研究，一、二次关键设备研制，仿真测试验证，工程化技术以及示范工程建设。其中，项目课题一"光伏直流并网接入实证研究平台系统集成技术及工程化技术"主要依托项目研究理论和装备研究成果，开展工程化技术研究，并建设 ± 30 kV/5 MW 光伏直流升压汇集并网示范工程。该项目选择中国三峡新能源集团股份有限公司（简称三峡新能源公司）位于大理宾川的干塘子光伏电站内 5 MW 光伏阵列进行技术改造，建设 2 套串联直流升压和 2 套集中直流升压系统，其中串联直流升压系统由 3 个 ± 10 kV/500 kW 光伏直流升压变流器串联而成，构成 ± 30 kV/1.5 MW 系统；集中直流升压系统由 ± 30 kV/1 MW 光伏直流升压变流器组成，直流升压后在直流侧汇集，经过高压直流线路输送至 ± 30 kV/5 MW 换流站逆变升压为交流 35 kV 后接入云南电网。经过相关课题承担单位的努力，该工程于 2020 年完成投产运行。

该示范工程建设过程中，克服了系统集成和工程化技术难题，得到除中国科学院电工所、三峡新能源公司等项目参与单位的帮助外，还得到了西南电力设计院等设计单位及相关施工单位的大力支持，在此表示感谢。工程顺利完工，填补了国内外光伏直流升压汇集并网工程技术的空白。在整理工程各阶段建设资料和归纳总结工程建设经验的过程中，作者团队全面梳理总结了示范工程设计建设各阶段成果和实际运行效果数据，形成《 ± 30 kV 光伏直流升压并网工程设计与应用》一书。

本书属于新能源并网新技术工程设计和应用的指导书籍，系统地阐述了新能源直流升压并网工程设计和试验方法及运行技术，对大容量海上风电等大规模新能源的电力输送起到示例效果。本书适合电力系统新能源规划设计建设、调度运行人员阅读，也适合相关专业的科研从业者参考，为其开展类似工作提供了真实的借鉴依据，具有实际指导作用。

作　者

2022 年 10 月

±30 kV 光伏直流升压并网工程设计与应用

目 录

第 1 章

绪　论

大型光伏电站直流升压汇集并网技术，是直接将光伏阵列输出的低压直流电升压到高压，在直流侧汇集后经逆变器接入中高压电网。相对于交流升压汇集并网技术，其具有可大幅降低无功损耗和充电功率、减小谐波、改善电能质量、方案设计灵活、便于接入储能设备、通过高压直流送出或就近接入直流配电网等优势。该技术已成为国内外研究热点，理论研究相对较多，但少有示范工程建成投产，相应的工程技术缺乏。在 2016 年国家重点研发计划"智能电网技术与装备"重点专项"大型光伏电站直流升压汇集接入关键技术及设备研制"实施过程中，作者团队完成了 ± 30 kV/5 MW 大型光伏电站直流升压汇集并网技术示范工程建设，通过系统地梳理该项目建设过程中的成果，形成大型光伏电站直流升压汇集并网工程设计技术。

1.1　大型光伏电站直流升压汇集并网技术背景

太阳能是理想的可再生能源，相对于传统的化石能源，太阳能的开发和利用具有较好的清洁性、环保性和经济性，是解决能源危机和环境危机的有效途径。光伏发电作为太阳能利用效果最好、应用范围最广的重要手段之一，近年来其装备制造和工程化技术发展较快。在国家实施"双碳"战略大背景下，为助力以新能源为主体的新型电力系统的建设，我国青海、新疆、云南等西部太阳能资源十分丰富的地区，迎来了光伏发电的快速发展。这些地区已建或在建的有多个百万千瓦级甚至千万千瓦级的大型太阳能电站。光伏发电正在历经大规模化开发利用的发展阶段。

交流升压并网是目前光伏发电最主要的接入方式。随着光伏发电建设速度的加快和建设规模的增加，光伏在带来更多清洁能源的同时，也给电力系统带来了诸如无功电压及电能质量等越来越多的并网问题。在电力电子技术和柔性直流技术快速发展的大背景下，为解决光伏电站规模化、集中化发展带来的问题，光伏直流升压汇集方式成为光伏发电并网技术领域新的思考方向。

目前，相关领域学者先后提出了光伏直流升压汇集并网的概念和对应方案，其中方案的可行性研究和相关技术的实现已经取得了一些初步成效。直流升压汇集并网，直接将光伏阵列输出的低压直流电升压到高压，在直流侧汇集后经逆变器接入中高压电网，控制目标分散，控制策略相对层次清晰，方便实现直流电压等级匹配和光伏发电的最大功率点跟踪(Maximum Power Point Tracking, MPPT)以及有功无功解耦控制，减小谐波，改善电能质量，方案设计灵活，便于接入储能设备和通过高压直流送出。

直流升压汇集并网方式相较于传统的交流升压汇集并网而言，一方面，减少了电能变换环节，使得电能损耗降低；另一方面，随着直流配电网的逐渐发展，光伏电能采用直流汇集技术可以更方便、有效地接入直流配电网。光伏直流汇集系统作为未来直流配电网的重要单元，具有非常丰富的研究素材。因此可以说，对于光伏发电，特别是大容量光伏发电基地，直流升压汇集接入系统是未来大势所趋。

1.2 大型光伏电站汇集并网技术现状分析

光伏电站发出的电能需要经升压汇集系统接入交流电网才能实现电能的输送。目前主要的升压汇集方式有两种：交流升压汇集与直流升压汇集。交流升压汇集技术主要依靠光伏逆变器、箱变、汇集母线及升压变将光伏电能接入电网，它是目前使用最为广泛的光伏并网方案。相对于交流升压汇集技术而言，直流升压汇集技术起步相对较晚，是随着电力电子技术的快速发展而兴起的一种新的并网方案。

1.2.1 交流升压汇集并网技术

交流升压汇集方式，首先将多台光伏逆变器输出的交流电汇集，再通过箱变进行升压并汇集到集电线路上，然后通过汇流母线实现多条集电线路的汇集，最后由主变压器升压后经交流送出线路接入交流电网，如图 1-1 所示。这种方式可控制性高，技术较为成熟。常见的交流升压汇集方式有组串式光伏逆变器汇集方式和集中式光伏逆变器汇集方式，其中组串式因其单台功率小、与光伏组件最佳工作点匹配性好、在特殊环境下能增加发电量的优点，近年来已逐渐成为主流。

交流升压汇集系统容抗、感抗极大，无功传输问题突出，特别是在大型光伏电场。一方面，光伏满发时，站内交流电缆（含集电线路）、箱变及交流送出线路需要消耗大量的无功，造成系统无功不足；另一方面，光伏出力较低时，存在站内交流电缆和交流送出线路充电功率大于无功损耗的情况，造成系统电压升高。光伏电力受天气影响波动大，直接导致光伏汇集系统无功电压波动较快。为了满足光伏电站快速的正反向无功条件，需要配置动态无功补偿设备。此外，光伏电站大量逆变器带来谐波，容易在光伏电站电缆线路引起谐波谐振，因此，需要配置专门的滤波设备。

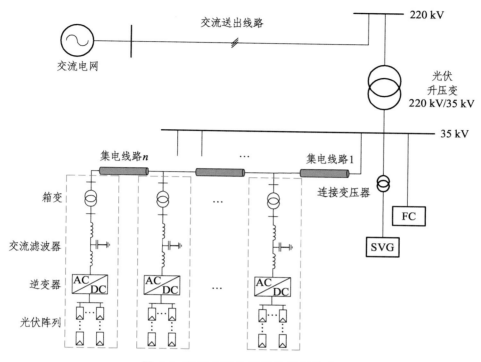

图 1-1　光伏交流升压汇集并网技术

1.2.2　直流升压汇集并网技术

采用光伏直流升压汇集并网可以解决交流升压汇集并网存在的一些问题。常见的光伏直流升压汇集并网系统的拓扑结构分为集中式直流升压汇集系统和串联式直流升压汇集系统。图 1-2 为集中式直流升压汇集系统，多个光伏阵列发出的直流电进行初步汇集后，经集中式大容量 DC/DC 升压变流器进行直流升压，升压后的直流电经直流母线汇集后通过直流线路送到电网侧逆变站后，经交流变压器接入交流系统。对于集中式升压汇集方式来说，在没有直流断路器的情况下，当任一光伏阵列所对应的发电单元发生短路故障时，将会导致汇集系统中整个升压变流器失控；同时，光伏电站分布式 MPPT 控制与升压汇集功能的分离，不利于整个光伏电站对有功功率的动态控制及内部功率优化分配。对于这两个问题，前者依赖直流断路器技术的进步和系统控制保护策略的优化来解决；针对后者，相关文献提出了在光伏直流升压汇集系统中加入 Z 源阻抗网络，并提出对应的控制策略，实现直流升压汇集系统的升压汇集与各路单元的最大功率点跟踪的解决方案。

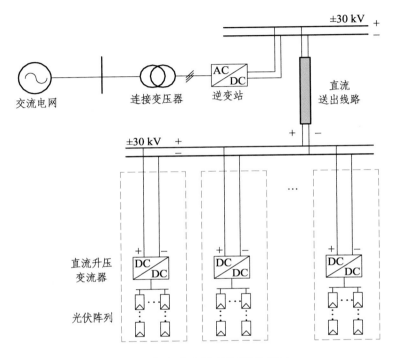

图 1-2 集中式直流升压汇集系统

图 1-3 为串联式直流升压汇集系统。此种汇集方式中存在多个串联的 DC/DC 升压变流器，每个光伏阵列电能均不经过逆变器，直接接入对应的 DC/DC 升压变流器进行直流升压，升压后的 DC/DC 升压变流器串联接入直流母线进行汇集，并经直流线路送到电网侧逆变站后经交流变压器接入交流系统。串联式升压汇集系统控制更加简单灵活，功率传输效率较高；但是当各光伏阵列所受光照辐射强度不一致导致各 DC/DC 升压变流器子模块间输入功率不一致时，各 DC/DC 模块的输出功率也会不均衡。针对串联式升压汇集系统存在的功率不平衡时系统运行困难的问题，有文献研究了级联形式的双移相全桥 DC/DC 变流器的拓扑结构和优化系统中 MPPT 控制方法以及模块化级联变流器与 MPPT 控制相互作用的问题，寻求解决方法。

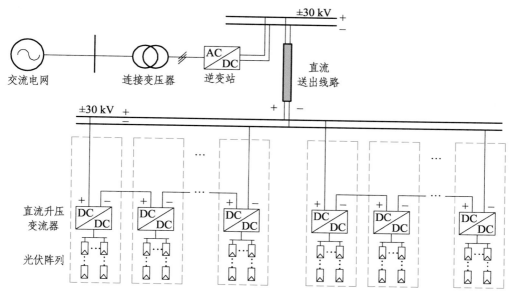

图 1-3 串联式光伏直流汇集系统

直流升压汇集技术在接入系统前，其电能的变换和输送全部为直流电。相较于交流升压汇集技术，直流升压汇集技术具有明显的技术先进性和经济性。一方面，直流升压汇集技术用直流电缆和 DC/DC 升压变流器取代了大量交流电缆、逆变器和箱变，直接节约了设备成本投资；另一方面，直流升压汇集技术避免了大型交流汇集系统的无功和谐波导致的系统电压稳定和谐振风险，同时减少了相关动态无功补偿设备和滤波设备的投资。虽然现阶段直流升压汇集技术仍存在一些不足，但可以预计未来随着电力电子技术的快速发展和该技术的大量工程应用，直流升压汇集技术将呈现出更加明显的技术经济优势。在构建以新能源为主体的新型电力系统的背景下，远距离大容量光伏送出及海上风电等新能源送出工程的建设必将促进直流升压汇集技术及相关技术的快速发展和进步，同时，该项技术也将为新型电力系统建设提供更经济、更高效的技术方案。

1.3 大型光伏电站直流升压汇集并网工程设计技术

光伏发电采用直流汇集的方式展现出巨大优势，为解决当前能源危机的问题提供了一种解决途径，对人类和自然的发展都具有重要意义。现阶段大型光伏电站直流升压汇集并网技术已成为国内外的研究热点，相应的示范应用主要集中在低电压、小容量的实验室验证，尚未建立相应的工程化设计体系。

我国已有集散式光伏系统、光伏组件串联升压系统等 1.5 kV 以下直流汇集系统示范，但受制于关键部件和光伏组件耐压水平，电压等级难以继续提升。中国科学院电工所在 ±10 kV/200 kW 物理试验平台上验证了中高压直流汇集接入系统的可行性，提出了基于设备冗余的直流串联升压系统方案。国际上，提出了接入高压直流系统的光伏阵列模块化级联直流升压等新型系统拓扑，尚未建立示范系统。

2016 年，国家重点研发计划重点专项"大型光伏电站直流升压汇集接入关键技术及设备研制"从装备技术到工程技术，系统性地研究了光伏直流升压汇集并网技术，并进行了示范工程建设，填补了 ±30 kV 光伏直流升压汇集并网工程技术的空白。

从工程设计覆盖内容看，现阶段最接近直流升压汇集并网的技术是柔性直流输电技术。总的来说二者相似度较高，但需要关注的内容又有所不同。首先，光伏电源的随机波动性远大于柔性直流输电目前主要输送的风电或者其他常规电源，其对交流无功电压、有功频率、谐波的影响，以及相应的处理措施在系统接入设计时都需要进行分析计算。其次，光伏直流升压系统要接入较多的 DC/DC 升压变流器，使得直流场结构变得复杂，需要综合考虑直流电压的选择、光伏组件和 DC/DC 变流器的配合、MPPT 控制策略合理分配以及工程成本等问题。基于此，直流系统的网架结构需要重新进行设计研究。最后，交直流系统的过电压计算，特别是含有大量串并联 DC-DC 变流器的直流系统的过电压（变流器故障等内部过电压）的分析及处理措施，是一项新的研究和设计内容。除此之外，还有直流系统短路电流的计算及应对措施、直流系统防雷设计等都将是该技术工程化设计需要的研究内容。

本书在归纳整理云南大理"±30 kV/5 MW 大型光伏电站直流升压汇集并网技术示范工程"设计建设过程的材料和成果时，形成了光伏直流升压汇集工程设计技术，主要包含的内容有：

1. 光伏直流升压汇集并网工程初步可行性研究

（1）输电方案研究，包括输电电压等级选择、经济电流密度及电缆选型；

（2）接入系统方案研究；

（3）接线方案设计；

（4）直流线路方案设计；

（5）防雷设计；

（6）接地设计。

2. 工程电磁暂态建模

开展工程电磁暂态建模工作，对电力电子装置进行包含详细控保模型的器件级建模，仿真元件的快速暂态特性及其内部故障特性，同时具备准确反映 DC/DC 升压装置、DC/AC 逆变器等电力电子变流设备接入系统运行特性的能力。该项工作是工程过电压与绝缘配合、谐波与电能质量分析等设计分析工作的必要基础。

3. 谐波及电能质量研究

光伏发电谐波等电能质量问题相对突出，有必要开展谐波及电能质量研究工作。本部分工作主要结合实测的交流侧背景谐波，进行光伏发电直流升压并网系统与交流电网的谐波影响和电能质量分析。根据分析结果，评估谐波与电能质量影响，如有必要，在工程设计中考虑采取相应的治理措施。

4. 过电压计算与绝缘配合

（1）结合主回路参数的研究成果，对工频、操作产生的过电压，重点是直流系统过电压进行计算，主要包括：交流侧故障引起的过电压、换流阀故障引起的过电压、直流线路故障引起的过电压。

（2）雷电过电压计算：主要完成不同运行方式下换流站交流场设备上的反击和绕击雷电侵入波过电压最大值计算。

（3）依据过电压分析结果，进行绝缘配合研究，确定主设备参数，完成设备选型和主接线设计，最终完成项目设计研究工作。

第 2 章

大型直流升压并网光伏电站
接入工程设计

　　光伏电站直流升压并网是近几年随着电力电子技术快速发展而兴起的新技术，不同于常规光伏电站交流汇集并网广泛应用于国内外各大光伏电站，已形成一套完整的工程设计标准体系，直流升压并网技术在国内外少有工程应用，其工程设计规则和方法完全是空白的。为此，本章主要以 ±30 kV 云南大理干塘子光伏电站直流升压并网工程建设为载体，系统地介绍光伏直流升压并网工程建设过程中的接入方案设计、主接线设计、直流线路设计、过电压与绝缘配合研究、谐波与电能质量等工程初步可行性研究和专题研究的成果和分析方法，形成光伏电站直流升压并网技术工程设计的基本思路和方法。

2.1　大型直流升压并网光伏电站接入工程背景

　　大型直流升压并网光伏电站接入工程是国家重点研发计划重点专项"大型光伏电站直流升压汇集接入关键技术及设备研制"的配套示范工程。该工程基于柔性直流输电技术的诸多优点，示范中压柔性直流电网输电技术的应用。该工程输送电压等级为 ±30 kV，输送容量为 5 MW。

　　经过前期现场探勘和多方协商，该工程最终选择三峡新能源公司位于大理宾川的干塘子光伏电站内 5 MW 光伏阵列进行技术改造，建设 2 套串联直流升压和 2 套集中直流升压系统，其中串联直流升压系统由 3 个 ±10 kV/500 kW 光伏直流升压变流器串联而成，构成 ±30 kV/1.5 MW 系统；集中直流升压系统由 ±30 kV/1 MW 光伏直流升压变流器组成。直流升压系统在直流侧汇集，经过高压直流输电送至 ±30 kV/5 MW DC/AC 换流站并逆变升压为交流 35 kV 后接入电网。整个项目总体建设规模如图 2-1 所示。

2.2　大型直流升压并网光伏电站接入工程初步可行性研究

2.2.1　直流输电电压等级及导线比选

　　直流输电电压可根据经验公式初步选择，再根据送电容量、导线经济电流密度损耗、绝缘水平、选用成熟技术等多方面进行论证比较，最终进行确定。

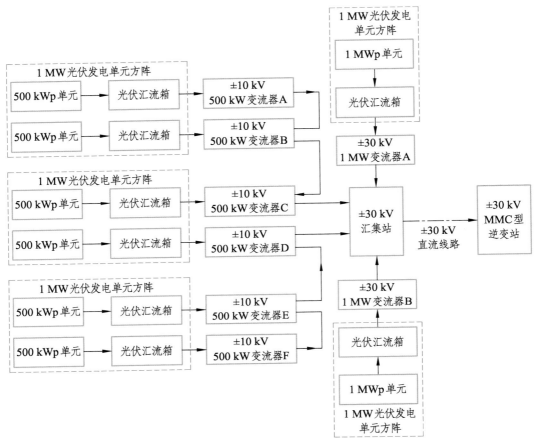

图 2-1　工程建设规模概况

1．电压等级初选

采用加拿大 Teshmont 公司推荐公式：

$$U_{\mathrm{d}} = K \cdot P^{1/2} \tag{2-1}$$

式中：U_{d}——双极直流线路对地电压，kV；

　　　K——常数，取 11.5；

　　　P——直流输送功率，MW。

根据该公式，直流经济输电电压只与送电功率有关，与送电距离无关。本工程规划装机 5 MW，按最终规模 5 MW 建设。按照 Teshmont 经验公式估算直流电压为 25.7 kV。

根据 Kimbark.E.W 经验公式，直流经济输电电压与送电功率和送电距离均相关。

$$U_d = \sqrt{\frac{1\,000P \cdot L}{3.398L + 1.408P}} \qquad (2\text{-}2)$$

式中：U_d——双极直流线路对地电压，kV；

　　　P——直流输送功率，MW；

　　　L——送电距离，km。

本工程规划装机 5 MW，线路长度为 0.70 km。按照 Kimbark.E.W 经验公式估算直流电压为 19.2 kV。

两种经验公式的计算结果存在一定差异，根据本项目设备研制目标和示范的含义，Teshmont 经验公式 ±30 kV 可送出的容量为 28 MW，Kimbark.E.W 经验公式 ±30 kV、10 km 送电距离时可输送的容量为 25 MW。

2．经济电流密度

从国内外直流工程的情况看，直流线路的电流密度通常都在 1 A/mm^2 左右。容量越大，线路越长，所选择的电流密度相对要小些。

表 2-1 给出了不同电压等级下满足经济电流密度所需的导线截面面积。

表 2-1　不同电压等级下满足经济电流密度所需的导线截面面积

线路容量/MW	电压等级/kV	线路电流/A	导线截面面积/mm^2
5	±20	125	125
	±30	83.3	83.3
	±40	62.5	62.5

3．电压导线比选初步结论

综合技术经济比较，本次研究暂采用 ±30 kV 电压等级、架空线路采用经济电流密度控制，推荐采用 JL/G1A-70/10 或者 JKLF3YJ-70 导线；直埋电缆采用载流量及热稳定校核控制，推荐采用 DC-ZR-YJV62-30 kV-50 电缆。各导线参数如表 2-2 所示。

表 2-2　导线参数

导线型号	截面面积/mm^2	外径/mm
JL/G1A-70/10	79.39	11.4
JKLF3YJ-70	70	29.8（考虑绝缘层）
		9.6（不考虑绝缘层）
DC-ZR-YJV62-30kV-50	50	28.4

4．电缆选型

电缆导体有铜和铝两种。为降低线路电阻损耗，本工程电缆导体材料选用铜，其性能应符合 GB 3953—2009 的规定。根据系统对电缆持续载流量的要求，参照有关制造厂家提供的电缆载流量资料，在本工程的气象参数下，按不同敷设环境温度及土壤热阻系数校正后的持续载流量计算。

本工程直流 30 kV 电缆选用终期负荷共 5 MW，额定电流约为 83 A，电缆采用订制 30 kV 电压等级标称截面 1×50 mm^2 的交联聚乙烯绝缘电缆，采用直埋敷设，局部段采用电缆沟敷设。

在本工程的气象条件下，直埋敷设持续载流量为

$$i = \frac{83}{k_4 \cdot k_t} = 112 \text{ (A)} \tag{2-3}$$

式中：k_4 为土壤敷设载流量校正系数，$k_4 = 0.87$（埋地并列敷设，间距 100 mm）；k_t 为环境温度变化载流量校正系数，$k_t = 0.853$，按照导体最高温度 80 ℃、环境空气温度 40 ℃，则所选择的直流 30 kV 电压等级电缆标称截面为 1×50 mm^2，满足本工程要求。

电缆导体表面应光洁、无油污、无损伤屏蔽或绝缘的毛刺、锐边，无凸起或断裂的单线。导体应为圆形并绞合紧压，紧压系数不小于 0.9。铜导体材料为无氧圆铜杆。

电缆屏蔽层考虑到直流电缆屏蔽效果，同时根据敷设环境地势的起伏，暂考虑铜丝铜带联合屏蔽。电缆外护层材料主要有高密度聚乙烯（HDPE）、聚氯乙烯（PVC）两种，本工程推荐电缆外护套选用 PVC 外护套。

2.2.2　站址选择

光伏直流升压并网主要由直流升压站、直流线路和直流逆变站组成，其中直流升压站一般就近在光伏电站内部建设。在这种情况下，逆变站的站址选择决定了直流线路的建设规模。因此，逆变站的站址选择较为重要。本节描述的站址主要是指逆变站站址。

本工程建设初期提供了位于宾川县的干塘子光伏电厂的 35 kV 开关站（电厂侧）和祥云县的烟坡 110 kV 变电站（电网侧）2 个站址作为并网逆变站备选方案，并就其对应的技术方案进行了技术经济性比选。两个站址周边环境均对换流站的建设及今后的运行不产生影响。由于利用的是已建站址，因此无须再获取相关协议。

1．干塘子方案

直流升压站和受端逆变站均位于干塘子光伏电站内，其中直流升压站位于光伏

电站 35 kV 开关站外 17# ~ 20#光伏阵列区域，受端逆变站则位于光伏电站 35 kV 开关站内。干塘子光伏电站以一回 ±30 kV 直流线路接至干塘子 35 kV 开关站，直流线路长度约 0.65 km。最终将光伏直流受端换流站建设在干塘子 35 kV 开关站内，并通过开关站 35 kV 母线出一回 35 kV 线路至牛井 110 kV 变电站，再接入大理电网，如图 2-2 所示。

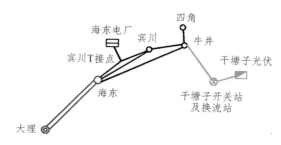

图 2-2　干塘子光伏电站——宾川变方案接入系统示意图

2．烟坡变方案

直流升压站位于光伏电站内，受端逆变站则位于云南电网 110 kV 烟坡变电站内，光伏电站以一回 ±30 kV 直流线路接至烟坡 110 kV 变电站，线路长度 16.5 km。将光伏直流受端换流站建设在烟坡 110 kV 变电站内，并通过烟坡站 110 kV 主变的 35 kV 侧接入大理电网，如图 2-3 所示。

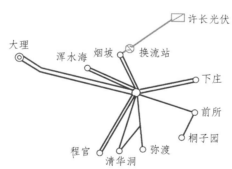

图 2-3　烟坡变方案接入系统示意图

由于工程的电压等级和输送容量相对较小，两个方案进行的潮流计算和稳定分析表明均不存在稳定性问题。此处的分析方法与常规接入系统稳定性分析类似，主要采用 BPA、PSS/E 等机电暂态分析软件进行，此处不再赘述。

接入系统方案的电气计算表明，二者均具有较好的技术可行性。在此种情况下，技术经济性成为方案抉择的关键。由于两站址建站条件基本相同，进站道路相当，均无拆迁工程量，干塘子站址无新增建筑，无线路工程，烟坡变站址新增二层建筑一座，线路工程约 16.5 km。综合技术经济比较，同意设计推荐的干塘子站址方案。该站址位于云南大理宾川县力角镇干塘子村以东的干塘子光伏站站内。

2.2.3　接线方案设计

1．主接线方案

考虑到本工程的电压等级及输送容量相对较小，可选的主接线方案有单极对称接线和双极对称接线两种方式。

1）单极对称接线

单极对称接线方案是目前柔性直流输电系统中最常见的接线方案。这种接线方案采用一个 6 脉动桥结构，在交流侧或直流侧采用合适的接地装置钳制住中性点电位，两条直流极线的电位为对称的正负电位，如图 2-4 所示。该方案也被称为伪双极方案。

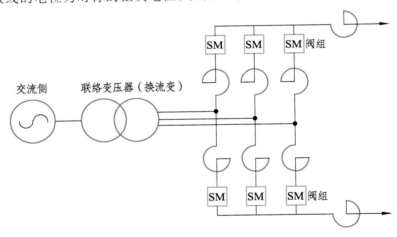

图 2-4　单极对称接线

这种接线方案结构简单，在正常运行时，联络变压器阀侧承受的是正常的交流电压，变压器可以采用与普通交流变压器类似的结构，设备成本低。由于本工程已明确不会加装直流断路器，因此，这种接线方案在发生直流侧短路故障后只能整体退出运行，故障恢复较慢。

目前国内的中高压柔性直流工程，例如张北、南澳、舟山等，均采用单极对称接线。为保障项目运行的可靠性，本工程直流线路采用电力电缆线路，以降低发生短路故障的可能性。

2）双极对称接线

双极对称接线方案与国内特高压 LCC 直流工程的接线方式类似，采用 2 个 6 脉动桥结构，分别组成正极和负极，两极可以独立运行，中间采用金属回线或接地极形成返回电流通路，如图 2-5 所示。

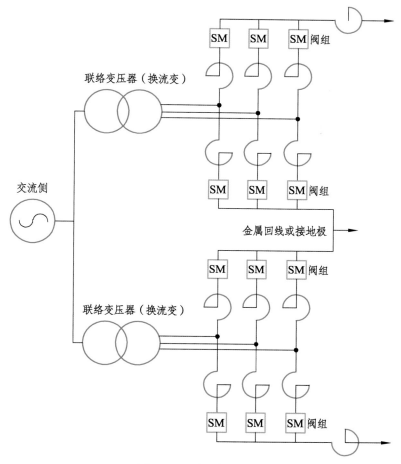

图 2-5　双极对称接线

这种接线方案的优点是可靠性更高，当一极故障时，另外一极可以继续运行，不会导致功率断续。因此，这种接线方案可以采用架空裸导线作为直流输送线路，不受电缆制造水平的限制，直流侧可以选用较高的电压等级，输送容量较大。但其主要缺点在于必须设置金属回线或接地极，且阀组设备数量较单极对称接线方案增加一倍，因此换流站总体造价较高。

3）方案比选

单极对称接线与双极对称接线的技术经济对比情况如表 2-3 所示。

表 2-3　不同接线方式技术经济对比情况

序号	比较内容	单极接线方式	双极接线方式
1	结构方式	非常简单	较为简单
2	变压器制造成本	低	略高
3	6 脉动桥个数	1	2
4	是否需要金属回线或接地极	不需要	需要
5	运行方式	不灵活	非常灵活，运行方式较多
6	可靠性	一般，建议采用电缆线路	较高
7	输送容量	较低	较高
8	换流站投资	低	高

综合考虑电压等级及输送容量，本工程换流站采用单极对称接线方式。

2．接地方式

考虑到电压等级及输送距离，可选的接地方式有以下几种：联络变压器 Y 绕组接地、箝位电阻接地、电抗器接地、对侧光伏电站接地。

1）联络变压器 Y 绕组接地

联络变压器 Y 绕组接地方式如图 2-6 所示。变压器阀侧采用 Y 绕组，阀侧通过 Y 绕组中性点经接地电阻接地。

干塘子 35 kV 开关站上级牛井 110 kV 变电站接线方式为 Y 接线，根据运行方式确定是否接地；35 kV 侧为 △ 接线方式，为不接地系统。因此，本站不具备常规联络变压器 Y 绕组接地的条件。若在本站采用联络变压器 Y 绕组接地，则需考虑订制三绕组 Y△Y 非标变压器。

2）箝位电阻接地

箝位电阻接地方式如图 2-7 所示。

该接地方案的优点是简单、直接、有效，成本较低。缺点是通过直流电阻接地后，在直流线路侧正常运行时电阻是一个长期负载，存在一定的功率损耗；同时，接地故障时可能对保护的灵敏性产生一定影响。

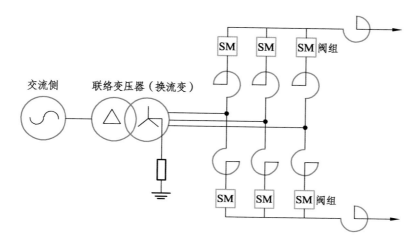

图 2-6　联络变压器 Y 绕组接地

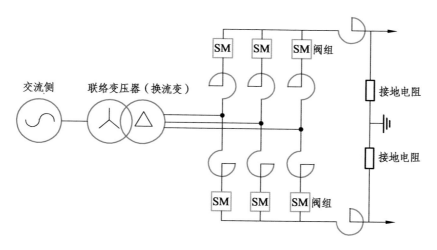

图 2-7　箝位电阻接地

3）电抗器接地

电抗器接地方式主要应用在阀侧绕组为△接地方案时，无法通过变压器 Y 绕组中性点接地，因此需要通过电抗器形成一个中性点，再通过接地电阻接地。电抗器接地示意图如图 2-8 所示。

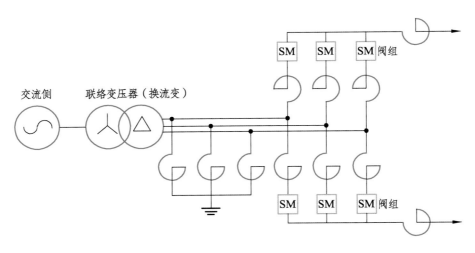

图 2-8　电抗器接地

该方案的优点是电抗器分担了部分故障电流，联络变压器的压力较低，同时，电抗器还能起到限制短路电流的作用。该方案的不足之处是：当电抗器自身的电抗值较小时，吸收的无功较大，对整个换流站的运行影响较大；当电抗器自身的电抗值较大时，又会导致制造成本升高，设备体积增大。

4）对侧光伏电站接地

由于本工程直流线路距离较短，约为 0.7 km，且为直流电缆，可以利用对侧光伏电站的接地为直流系统提供一个直流零电位参考点。这种接地方式一方面可以节省投资，另一方面可以减少换流站的设备占地，同时还可以为直流系统提供直流零电位参考点。

5）方案比选

不同接地方式的技术经济对比情况如表 2-4 所示。

综上所述，本工程换流站为受端换流站，不会向光伏电站侧输送容量，运行方式较为简单，且线路的长度较短，同时，为节省投资和占地，现阶段推荐采用对侧光伏电站接地方式，为直流线路的运行提供零电位参考。

表 2-4　不同接地方式技术经济对比情况

序号	接地方式	接线要求	占地要求	有功/无功损耗	是否适合本工程
1	联络变压器 Y 绕组电阻接地	变电站 35 kV 侧接线方式为 △ 接线	较低	损耗较低	较适合
2	联络变压器 Y 绕组电阻接地	变电站 35 kV 侧接线方式为 Y 接线	较低	损耗较低	需要特殊变压器，不建议采用
3	箝位电阻	无	一般或较高，需要专门的接地柜或接地构架	存在一定的有功损耗	不适合
4	电抗器接地	变电站 35 kV 侧接线方式为 Y 接线	很高，电抗器的占地面积较大	需要无功平衡	不适合
5	对侧光伏电站接地	无	无	无	适合

2.2.4　直流线路方案

根据系统规划，本工程线路起点为干塘子光伏电站，终点为干塘子 35 kV 开关站，距离约 0.7 km；根据输电距离，目前规划方案采用电缆直埋敷设方式，设计中综合考虑运行施工交通条件和路径长度等因素进行统筹安排，以做到经济合理且安全适用。

1. 线路路径

根据目前投资，干塘子直流开关站规划建于干塘子光伏站内 16#～20#光伏方阵间原有 18#升压变压器南侧空地，输电线路起于 ±30 kV 直流汇集站，止于干塘子 35 kV 开关站内换流站；线路采用电缆直埋敷设方式，穿过已有光伏区域，并沿已有道路两侧敷设，总长约 0.7 km。

2. 电缆线路敷设方式

电缆从光伏场 ±30 kV 直流开关站至 35 kV 开关站内换流站户外直流隔离开关处均采用电缆穿碳素波纹管直埋敷设方式，换流站内户外直流隔离开关至阀体预制舱段采用电缆沟敷设，电缆沟与换流站内电缆沟共用，不再单独建设。穿管直埋敷设段每隔 45 m 左右建一电缆手井，用于电缆检修，路径详见图 2-9。直埋敷设应与已有 35 kV 交流电缆保持适当距离，考虑到两极直流电缆敷设于同一保护管中，当一极电缆严重故障时，影响另一极使用，且通道附近无单芯交流电缆存在，考虑分别穿保护管敷设，详见图 2-10。

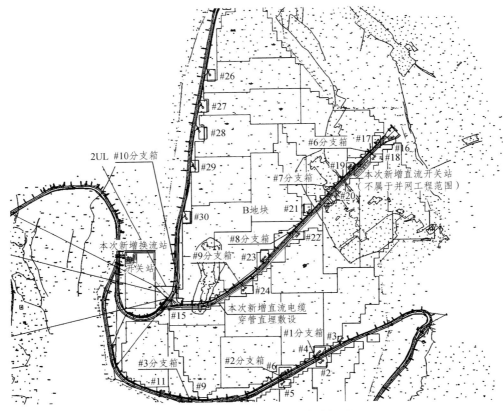

图 2-9　干塘子站方案线路路径图

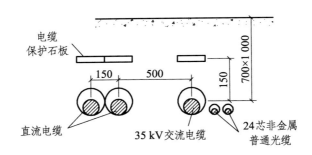

图 2-10　直流电缆直埋敷设断面示意图

3．电缆和附件

电缆导体分铜和铝两种材料。为降低线路的电阻损耗，本工程电缆导体材料选用铜，其性能应符合 GB 3953—2009 的规定。根据系统对电缆持续载流量的要求，参照有关制造厂家提供的电缆载流量资料，在本工程的气象参数下，按不同敷设环境温度及土壤热阻系数校正后的持续载流量计算。

本工程直流 30 kV 电缆负荷共 5 MW，额定电流约为 166.7 A，电缆采用订制 30 kV 电压等级标称截面 1×50 mm^2 的交联聚乙烯绝缘电缆，采用直埋敷设，局部段采用电缆沟敷设。

直流电缆附件规划采用液体硅橡胶材料压注成型的预制式终端和中间接头，其中中间接头实际过盈 > 5 mm。在安装好的电缆导体和外护套间施加负极性的 $1.45U_0$ 的直流电压，试验时间为 15 min，应不发生击穿。

2.2.5　防雷设计

防雷：本站前期工程已在进线装设有 1 基 25 m 高的避雷针，保护范围无法满足本次换流站设备半径要求，在换流站西北角新增 1 基 25 m 高的避雷针，可满足防雷要求。防雷设计平面布置图如图 2-11 所示。

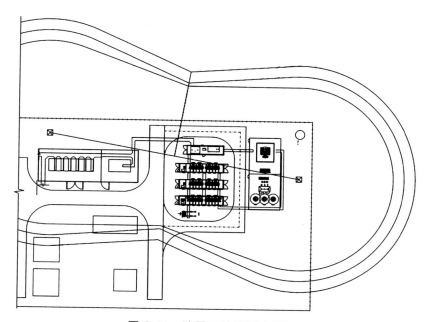

图 2-11　防雷设计平面布置图

2.2.6　接地设计

在本期换流站的设备区域内新增 50 mm×5 mm 热镀锌扁钢主接地均压网，并与原有主接地网连接，设备接地采用扁钢材料，沿电缆沟敷设铜绞线做二次保护接地。配电装置场地敷设 100 mm 厚的碎石，并在有接地引下线的构架、设备支架周围 4 m² 的地方设置沥青混凝土地坪，本期对接地电阻要求与前期工程一致。接地设计平面布置图如图 2-12 所示。

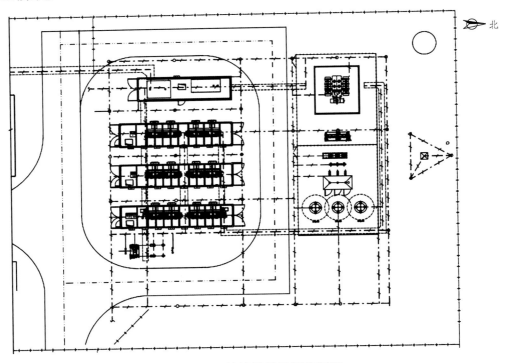

图 2-12　接地设计平面布置图

2.3　大型直流升压并网光伏电站接入工程电磁暂态建模

为开展工程过电压与绝缘配合、谐波与电能质量专题分析，有必要对本工程涉及的一次系统进行电磁暂态建模，以便开展计算分析。

按照光伏电站直流升压并网的主要设备构成，通常电磁暂态建模分为以下五部分：

（1）光伏电源及组件模型，主要是光伏发电各阵列；

（2）直流升压汇集站或直流开关站，主要是集中式直流升压装置或各光伏阵列就地直流升压后，汇集接入直流母线所需的开关设备；

（3）直线线路，主要是从光伏场到受端逆变站的直流线路、电缆或架空线；

（4）受端逆变站，主要是直流接入交流系统所需的逆变器及配套设备；

（5）受端交流系统，光伏直流升压最终接入的交流系统。

电磁暂态仿真软件一般能够胜任最为精细的电网仿真模拟，但如果网络节点太多，各元件又需精确模拟，则会大大增加仿真时长。为此，针对实际工程，一般对交流系统进行等值处理。

按照此建模方法，本项目工程对应的电磁暂态模型拓扑结构如图 2-13 所示。

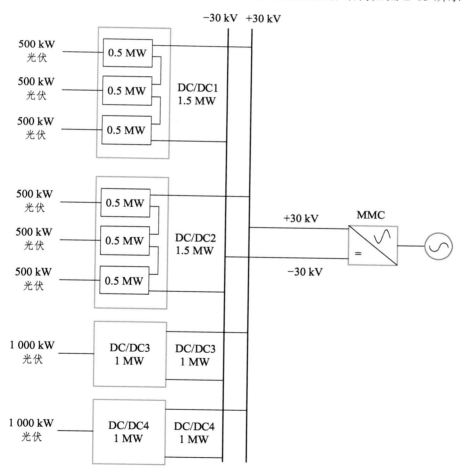

图 2-13　仿真模型拓扑结构

整个模型分为三大部分：

（1）光伏组件及 DC/DC 直流变换器：光伏组件功率为 5 MW，系统直流电压为 ± 30 kV，四个 DC/DC 直流变换器的容量分别为 1.5 MWp、1.5 MWp、1 MWp、1 MWp，其中 1.5 MWp 回路直流升压装置由 3 个 500 kW DC/DC 升压模块串联，每个模块输出电压为 DC ± 10 kV；1 MWp 回路直流升压装置由 1 个 1 MW DC/DC 升压模块构成，四个 DC/DC 直流变换器采用输出并联的接线方式。MPPT 控制采用电导增量法，以实现对光能的最大利用。DC/DC 直流变换器内部拓扑结构如图 2-14 所示。

（2）MMC 换流阀模型：其拓扑结构如图 2-15 所示。其中，换流阀桥臂采用 36 个全桥子模块和 36 个半桥子模块串联的混合结构，桥臂电感为 0.156 H，子模块电容为 1 260 μF。交流侧通过换流变压器与 35 kV 交流系统相连。换流阀模块采用定直流电压控制，控制极间直流电压为 60 kV。

（3）交流系统模型。

电磁暂态仿真软件 PSCAD/EMTDC 能够胜任精细的电网仿真模拟，但如果网络节点太多，各元件又需精确模拟，则会大大增加仿真时长。为此，针对实际工程，需在并网点干塘子站对交流系统进行等值处理。

采用两点等值法，无论系统如何复杂，从系统中某一点向系统看，在任意瞬间都可以把系统等价为一个电势源 E 经传输线阻抗（$R+jX$）向节点供电的单机系统，如图 2-16 所示。

$$\begin{cases} E - U = (R + jX) \cdot \dot{I} \\ S = P + jQ = \dot{U} \cdot \hat{I} \end{cases} \qquad (2\text{-}4)$$

以 U 为参考量，得：

$$E = U + \left(\frac{\dot{S}}{U}\right) \cdot (R + jX) = U + \left(\frac{PR + QX}{U}\right) + j\left(\frac{PX - QR}{U}\right) \qquad (2\text{-}5)$$

实部、虚部分别为

$$E\cos\theta = U + \left(\frac{PR + QX}{U}\right)$$
$$E\sin\theta = \frac{PX - QR}{U} \qquad (2\text{-}6)$$

所以：

$$E^2 = \left(U + \frac{PR + QX}{U}\right)^2 + \left(\frac{PX - QR}{U}\right)^2 \qquad (2\text{-}7)$$

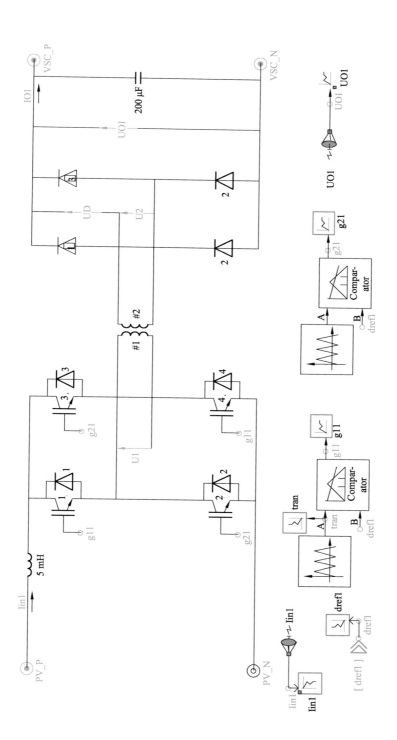

图 2-14　DC/DC 直流变换器拓扑结构

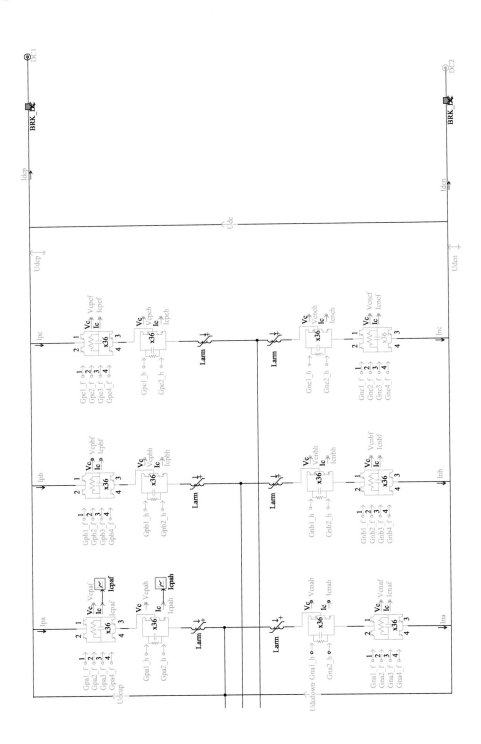

图 2-15 换流阀拓扑结构

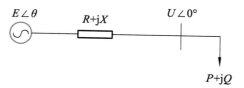

图 2-16　交流系统等值原理图

求取等值系统 E、R、X 的步骤如下：

① 按某一运行方式，利用电力系统分析综合程序进行潮流计算，以得到所关心节点的 P_1、Q_1 和 V_1；

② 略为增加或减小该节点的负荷 P_2、Q_2 和 P_3、Q_3（相当于在运行点线性化），重新进行潮流计算，求得电压 u_2 和 u_3；

③ 将三次运行结果分别代入式（2-6）、式（2-7），即可得到关于 E、R 和 X 未知数的三个方程；

④ 利用牛顿拉夫逊法求解方程组，即可得到 E、R 和 X；

⑤ 按照上述步骤得到等值交流系统，连接至换流站交流侧，得到完整的项目模型。

2.4　谐波与电能质量专题分析

不同容量、不同系统配置的光伏发电系统接入电网时有不同的并网标准，从电网角度来看，光伏并网发电的特点与常规发电方式均有所不同，这势必会对电网造成一定的影响。目前，光伏并网系统的装机容量相较于并网点的最小短路容量来说还很小，当其运行在额定容量附近时，所产生的谐波畸变对配电网电能质量带来的影响基本可以忽略；但在非额定运行状态下（光照急剧变化、输出功率远低于额定容量、阴影、并网点电压严重畸变、非线性负载增大等），光伏系统产生的谐波畸变可能超过额定运行时的值，导致过多的无功功率注入配电网，从而引起配电网产生诸多问题，影响电网电能质量。

2.4.1　光伏并网系统谐波阻抗计算

1. 谐波阻抗计算原理

电力系统中的谐波分析模型可以用诺顿等值电路表示，如图 2-17 所示。用户侧等效为电流源与阻抗的并联。当系统侧背景谐波较稳定时，可将其看为常数。为了直接分离出背景谐波，将系统侧的诺顿等值转化为谐波电压源和谐波阻抗串联的形式。

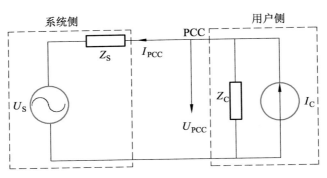

图 2-17　诺顿等值电路

根据诺顿等值电路可以列写 PCC 的谐波电压与谐波电流的方程：

$$\dot{U}_{PCC} = \dot{U}_S + \dot{I}_{PCC} Z_S \qquad (2\text{-}8)$$

式中：$\dot{U}_{PCC}$ 为 PCC 的谐波电压相量；$\dot{U}_S$ 为系统侧等值谐波电压源相量；$\dot{I}_{PCC}$ 为 PCC 的谐波电流相量；Z_S 为系统侧谐波阻抗。

电力系统中谐波电流源通常认为是由非线性负荷产生的。当谐波电流流经电力设备和负荷时会引起谐波电压，导致电网电压发生畸变。根据电压定义，电压畸变量不仅取决于谐波电流大小，还与系统的谐波阻抗有关。电力系统和非线性负荷的连接情况与图 2-12 类似，此时并网光伏系统则可视为等效的非线性有源负荷。

目前求解谐波阻抗的方法有很多，主要可以分为两种，分别是干预式和非干预式估算法。干预式指通过影响系统的正常运行，以产生该系统在正常运行情况下不含有或含量很低的谐波电流，进而利用该谐波电流和它产生的谐波电压计算系统谐波阻抗，然后评价系统谐波发射水平的方法。根据谐波电流的来源差异，干预式又可分为谐波电流注入法、开关元件法、用户侧并联阻抗法等。非干预式主要包括波动量法、参考阻抗法和回归法等。

本项目使用工程中应用较广泛的扫频法，其属于干预式中的一种。使用 PSCAD 中 METERS 元件集合中的 $Z(F)$ Harmoinc Impedance 谐波阻抗描绘组件接入待测系统。通过仿真，该组件可自动算出系统三相随频率变化的阻抗特性数据，将曲线数据导出至 MATLAB 中，可描绘出光伏并网模型的系统谐波阻抗。

2．谐波阻抗求解过程

1）建立背景谐波源

根据工程可研前期进行的背景谐波测试数据设置背景谐波电压源，模拟实际系统运行时的交流侧背景谐波，如图 2-18 所示。

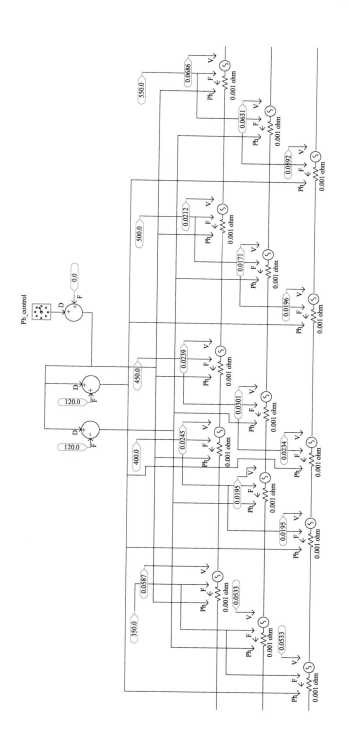

图 2-18　背景谐波等效电压源

2）谐波阻抗求解

根据已建立的背景谐波源模块，利用谐波阻抗接口元件求解几种运行方式下的谐波阻抗，扫频范围设定为 50～1 250 Hz，频率步进长度设定为 10 Hz。将测得的三相谐波数据导入 MATLAB 中，绘制谐波阻抗特性图，如图 2-19～图 2-22 所示。

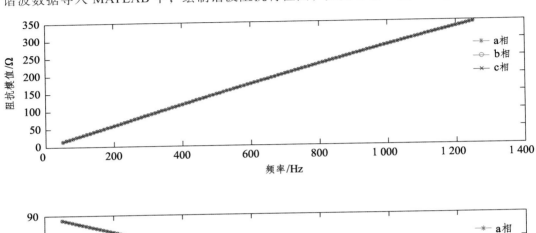

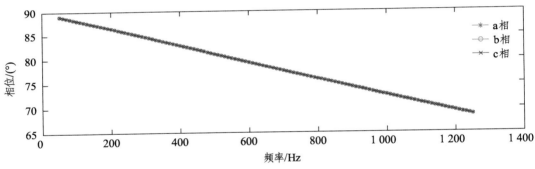

图 2-19　夏大运行方式下的谐波阻抗

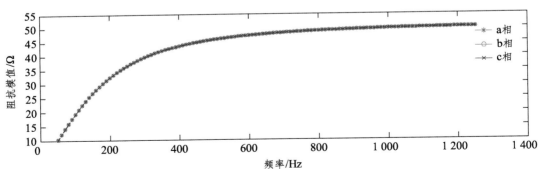

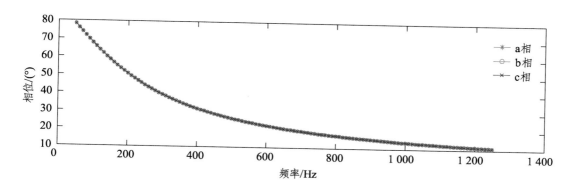

图 2-20　夏小运行方式下的谐波阻抗

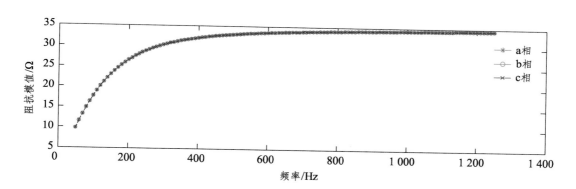

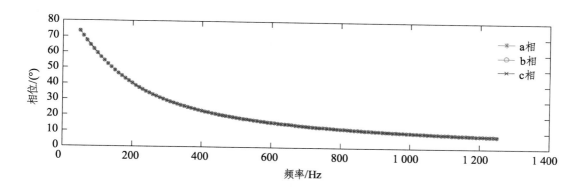

图 2-21　冬大运行方式下的谐波阻抗

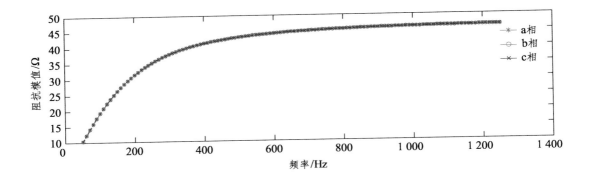

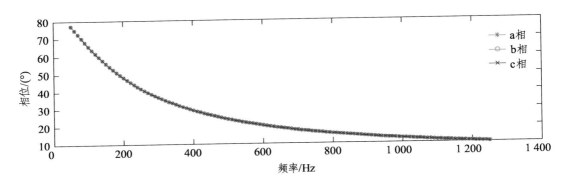

图 2-22　冬小运行方式下的谐波阻抗

上述 4 种运行方式下的系统谐波阻抗模值和阻抗角值均有所区别，而各运行方式下的不同相之间几乎没有差异。主要原因是：不同运行方式下的交流等值电源的内部等值阻抗存在差别，但整个交流等值系统为对称运行。通过扫频法计算得到的谐波阻抗特性图可以发现，每种方式下的基波阻抗模值和阻抗角都与交流等值电源中的给定值一致。具体各运行方式下的系统谐波阻抗如表 2-5 所示。

表 2-5　4 种运行方式下的谐波阻抗

频率/基频	4种运行方式下的谐波阻抗/Ω			
	夏大	夏小	冬大	冬小
1	$14.81\angle 89.01°$	$10.23\angle 78.31°$	$9.84\angle 73.43°$	$10.34\angle 77.23°$
2	$29.61\angle 88.15°$	$19.34\angle 67.69°$	$17.69\angle 59.39°$	$19.32\angle 65.77°$

续表

频率/基频	4种运行方式下的谐波阻抗/Ω			
	夏大	夏小	冬大	冬小
3	44.39∠87.27°	26.71∠58.42°	23.03∠48.43°	26.36∠56.01°
4	59.13∠86.38°	32.34∠50.67°	26.51∠40.23°	31.53∠48.06°
5	73.83∠85.49°	36.51∠44.33°	28.77∠34.10°	35.24∠41.69°
6	88.48∠84.59°	39.59∠39.15°	30.26∠29.43°	37.90∠36.58°
7	103.06∠83.71°	41.87∠34.91°	31.28∠25.81°	39.82∠32.47°
8	117.57∠82.82°	43.57∠31.41°	32.00∠22.94°	41.24∠29.11°
9	131.99∠81.94°	44.87∠28.49°	32.52∠20.61°	42.31∠26.33°
10	146.32∠81.06°	45.88∠26.04°	32.91∠18.70°	43.12∠24.01°
11	160.55∠80.18°	46.67∠23.95°	33.21∠17.11°	43.75∠22.04°
12	174.66∠79.31°	47.29∠22.15°	33.44∠15.75°	44.26∠20.36°
13	188.66∠78.45°	47.80∠20.59°	33.63∠14.60°	44.66∠18.91°
14	202.53∠77.58°	48.21∠19.24°	33.78∠13.59°	44.99∠17.65°
15	216.26∠76.73°	48.55∠18.04°	33.90∠12.72°	45.25∠16.54°
16	229.84∠75.88°	48.84∠16.98°	34.00∠11.95°	45.48∠15.55°
17	243.28∠75.04°	49.08∠16.03°	34.08∠11.26°	45.67∠14.68°
18	256.56∠74.20°	49.28∠15.18°	34.15∠10.65°	45.83∠13.90°
19	269.67∠73.37°	49.46∠14.42°	34.21∠10.10°	45.96∠13.19°
20	282.62∠72.55°	49.61∠13.72°	34.26∠9.61°	46.08∠12.55°
21	295.39∠71.73°	49.74∠13.09°	34.31∠9.16°	46.18∠11.97°
22	307.99∠70.93°	49.85∠12.52°	34.35∠8.75°	46.27∠11.44°
23	320.40∠70.13°	49.95∠11.99°	34.38∠8.37°	46.35∠10.96°
24	332.63∠69.33°	50.04∠11.50°	34.41∠8.03°	46.42∠10.51°
25	344.67∠68.55°	50.12∠11.05°	34.44∠7.71°	46.48∠10.10°

2.4.2 光伏并网系统谐波分析

1. 谐波评价指标

对于公共电网中的电能质量和谐波，我国已制定相应标准。依据 GB/T 14549，可得到不同电压等级下的各次谐波电压、电流标准，如表 2-6、表 2-7 所示。

表 2-6　公共电网谐波电压（相电压）

电网标称电压/kV	电压总谐波畸变率/%	各次谐波电压含有率/%	
		奇次	偶次
0.38	5.0	4.0	2.0
6	4.0	3.2	1.6
10			
35	3.0	2.4	1.2
66			
110	2.0	1.6	0.8

表 2-7　注入公共连接点的谐波电流允许值

标称电压/kV	基准短路容量/MVA	谐波电流次数及谐波电流允许值/A											
		2	3	4	5	6	7	8	9	10	11	12	13
0.38	10	78	62	39	62	26	44	19	21	16	28	13	24
6	100	43	34	21	34	14	24	11	11	8.5	16	7.1	13
10	100	26	20	13	20	8.5	15	6.4	6.8	5.1	9.3	4.3	7.9
35	250	15	12	7.7	12	5.1	8.8	3.8	4.1	3.1	5.6	2.6	4.7
66	500	16	13	8.1	13	5.4	9.3	4.1	4.3	3.3	5.9	2.7	5.0
110	750	12	9.6	6.0	9.6	4.0	6.8	3.0	3.2	2.4	4.3	2.0	3.7

续表

标称电压 /kV	基准短路容量 /MVA	谐波电流次数及谐波电流允许值/A											
		14	15	16	17	18	19	20	21	22	23	24	25
0.38	10	11	12	9.7	18	8.6	16	7.8	8.9	7.1	14	6.5	12
6	100	6.1	6.8	5.3	10	4.7	9.0	4.3	4.9	3.9	7.4	3.6	6.8
10	100	3.7	4.1	3.2	6.0	2.8	5.4	2.6	2.9	2.3	4.5	2.1	4.1
35	250	2.2	2.5	1.9	3.6	1.7	3.2	1.5	1.8	1.4	2.7	1.3	2.5
66	500	2.3	2.6	2.0	3.8	1.8	3.4	1.6	1.9	1.5	2.8	1.4	2.6
110	750	1.7	1.9	1.5	2.8	1.3	2.5	1.2	1.4	1.1	2.1	1.0	1.9

为便于后续分析，将上述表格中涉及的谐波指标参数计算公式及部分常用统计公式整理如下：

（1）谐波电压含有率 HRU_h：

$$HRU_h = \frac{U_h}{U_1} \times 100\%$$ （2-9）

式中：U_h——第 h 次谐波电压（方均根值）；

　　　U_1——基波电压（方均根值）。

（2）谐波电流含有率 HRI_h：

$$HRI_h = \frac{I_h}{I_1} \times 100\%$$ （2-10）

式中：I_h——第 h 次谐波电流（方均根值）；

　　　I_1——基波电流（方均根值）。

（3）谐波电压含量 U_H：

$$U_H = \sqrt{\sum_{h=2}^{\infty}(U_h)^2}$$ （2-11）

（4）谐波电流含量 I_H：

$$I_{\mathrm{H}} = \sqrt{\sum_{h=2}^{\infty}(I_h)^2} \tag{2-12}$$

（5）电压总谐波畸变率 THD_u：

$$THD_u = \frac{U_{\mathrm{H}}}{U_1} \times 100\% \tag{2-13}$$

（6）电流总谐波畸变率 THD_i：

$$THD_i = \frac{I_{\mathrm{H}}}{I_1} \times 100\% \tag{2-14}$$

2．谐波数据采集与背景谐波电压源模块

目前，有关谐波数据检测采集的方法较多，主要有基于瞬时无功功率的谐波检测方法、基于小波变换的谐波检测方法、基于人工神经网络的检测方法和基于傅里叶变换的谐波检测方法。其中，基于傅里叶变换的谐波检测方法是谐波分析中应用最多的一种方法，易于用数字化的方式实现，同时也有很高的计算精度，本部分中采用此方法得到谐波原始数据。

利用 PSCAD 中内置的测量模块和 FFT 变换模块（见图 2-23）可实现对光伏并网系统 PCC 点的三相谐波数据采集。同时根据实测的背景谐波数据设置背景谐波电压源，模拟实际系统运行时的交流侧背景谐波，如图 2-24 所示。

使用如图 2-23 所示的测量模块，可得到整个仿真期间与各相对应的各次谐波电压、电流幅值和基波电压、电流幅值。利用 PSCAD 的数据输出功能，将整个仿真期间用到的一些数据进行输出，输出格式为文本格式，可利用 MATLAB 对其做进一步处理。

3．谐波指标比对

为了使所采集的数据点尽可能充分地反映实际系统运行的情况，需要控制总采样点个数及采样步长，于是设定如表 2-8 所示的 PSCAD 仿真参数。

表 2-8　PSCAD 仿真参数

仿真时间/s	仿真步长/μs	采样步长/μs
8	50	1 000

为了尽可能详细地分析并网系统的谐波，设定 FFT 谐波提取次数为 31 次，但是按照 GB/T 14549—93 只考虑前 25 次谐波数据，运行 PSCAD 后，将其输出的相关数据整理后导入 MATLAB 并进行谐波指标求取，最终按照四种运行方式整理统计，如表 2-9 ~ 表 2-12 所示。

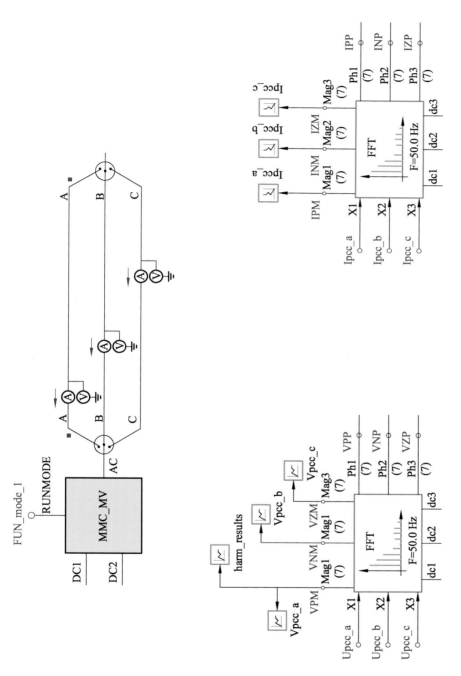

图 2-23　测量模块、FFT 变换模块

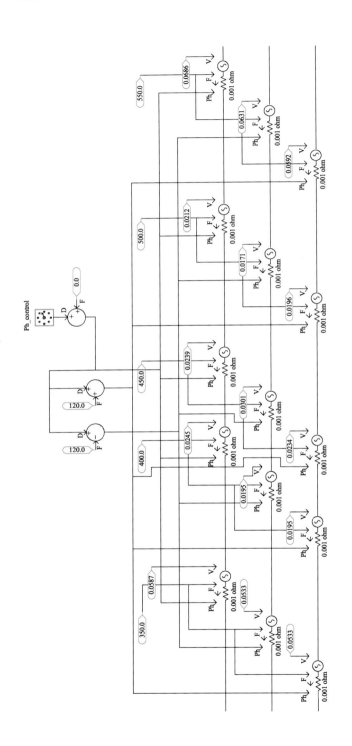

图 2-24　背景谐波等效电压源模型

表 2-9　夏大运行方式下的谐波指标

谐波次数	谐波电压含有率			谐波电流值/A		
	a	b	c	a	b	c
2	0.25%	0.23%	0.23%	2.51	2.54	2.49
3	0.97%	1.05%	0.88%	0.80	0.98	0.84
4	0.13%	0.11%	0.12%	0.46	0.47	0.47
5	1.05%	1.14%	1.03%	0.38	0.82	0.69
6	0.18%	0.15%	0.09%	0.33	0.35	0.35
7	0.27%	0.27%	0.17%	0.41	0.65	0.53
8	0.13%	0.11%	0.11%	0.25	0.25	0.25
9	0.17%	0.13%	0.08%	0.25	0.33	0.23
10	0.10%	0.08%	0.10%	0.20	0.19	0.19
11	0.37%	0.25%	0.16%	0.25	0.46	0.29
12	0.18%	0.14%	0.09%	0.18	0.20	0.16
13	0.74%	0.56%	0.69%	0.50	0.39	0.33
14	0.10%	0.15%	0.14%	0.13	0.15	0.16
15	0.09%	0.07%	0.10%	0.13	0.13	0.12
16	0.05%	0.05%	0.06%	0.12	0.11	0.11
17	0.19%	0.16%	0.20%	0.15	0.14	0.12
18	0.19%	0.21%	0.60%	0.18	0.10	0.37
19	0.23%	0.20%	0.25%	0.17	0.14	0.14
20	0.11%	0.09%	0.10%	0.10	0.10	0.10
21	0.14%	0.15%	0.16%	0.11	0.11	0.10
22	0.06%	0.05%	0.06%	0.08	0.09	0.08
23	0.10%	0.11%	0.12%	0.10	0.10	0.09
24	0.04%	0.04%	0.05%	0.08	0.08	0.08
25	0.08%	0.08%	0.09%	0.10	0.09	0.09
电压总谐波畸变率	1.80%	1.79%	1.76%	—	—	—

表 2-10　夏小运行方式下的谐波指标

谐波次数	谐波电压含有率			谐波电流值/A		
	a	b	c	a	b	c
2	0.20%	0.17%	0.18%	2.58	2.65	2.60
3	0.94%	1.00%	0.88%	0.77	0.84	0.81
4	0.12%	0.10%	0.11%	0.47	0.48	0.49
5	1.01%	1.03%	1.04%	0.40	0.63	0.65
6	0.17%	0.12%	0.05%	0.32	0.36	0.34
7	0.27%	0.24%	0.23%	0.36	0.52	0.40
8	0.11%	0.09%	0.09%	0.23	0.25	0.23
9	0.12%	0.12%	0.09%	0.20	0.27	0.23
10	0.10%	0.07%	0.09%	0.19	0.20	0.18
11	0.30%	0.27%	0.24%	0.20	0.31	0.32
12	0.19%	0.17%	0.07%	0.16	0.23	0.17
13	0.79%	0.61%	0.72%	0.45	0.39	0.29
14	0.10%	0.18%	0.16%	0.14	0.16	0.17
15	0.09%	0.10%	0.09%	0.13	0.14	0.13
16	0.05%	0.05%	0.06%	0.12	0.12	0.11
17	0.23%	0.20%	0.22%	0.17	0.19	0.14
18	0.20%	0.20%	0.82%	0.30	0.12	0.48
19	0.32%	0.27%	0.32%	0.23	0.18	0.18
20	0.14%	0.12%	0.14%	0.12	0.11	0.11
21	0.18%	0.20%	0.19%	0.12	0.13	0.13
22	0.07%	0.07%	0.07%	0.09	0.10	0.10
23	0.15%	0.16%	0.14%	0.10	0.12	0.11
24	0.04%	0.04%	0.05%	0.09	0.10	0.09
25	0.12%	0.10%	0.13%	0.11	0.10	0.10
电压总谐波畸变率	1.78%	1.73	1.88%	—	—	—

表 2-11　冬大运行方式下的谐波指标

谐波次数	谐波电压含有率			谐波电流值/A		
	a	b	c	a	b	c
2	0.19%	0.14%	0.16%	2.11	2.14	2.10
3	0.94%	0.99%	0.86%	0.69	0.87	0.74
4	0.12%	0.10%	0.11%	0.39	0.40	0.40
5	1.01%	1.00%	1.02%	0.32	0.69	0.64
6	0.17%	0.12%	0.05%	0.27	0.31	0.29
7	0.25%	0.20%	0.20%	0.35	0.58	0.46
8	0.11%	0.09%	0.09%	0.21	0.22	0.21
9	0.11%	0.11%	0.10%	0.20	0.29	0.22
10	0.09%	0.07%	0.09%	0.18	0.17	0.16
11	0.32%	0.25%	0.25%	0.20	0.46	0.30
12	0.19%	0.18%	0.07%	0.14	0.22	0.15
13	0.80%	0.61%	0.73%	0.50	0.43	0.28
14	0.10%	0.19%	0.17%	0.12	0.14	0.15
15	0.09%	0.10%	0.10%	0.12	0.13	0.10
16	0.05%	0.05%	0.06%	0.11	0.11	0.10
17	0.24%	0.21%	0.22%	0.17	0.18	0.11
18	0.21%	0.20%	0.84%	0.29	0.13	0.48
19	0.33%	0.28%	0.33%	0.21	0.17	0.16
20	0.14%	0.13%	0.14%	0.11	0.10	0.11
21	0.18%	0.20%	0.20%	0.11	0.11	0.10
22	0.07%	0.07%	0.07%	0.08	0.08	0.08
23	0.15%	0.17%	0.14%	0.10	0.11	0.08
24	0.04%	0.05%	0.05%	0.08	0.08	0.08
25	0.12%	0.10%	0.13%	0.10	0.09	0.09
电压总谐波畸变率	1.79%	1.70%	1.87%	—	—	—

表 2-12　冬小运行方式下的谐波指标

谐波次数	谐波电压含有率			谐波电流值/A		
	a	b	c	a	b	c
2	0.20%	0.16%	0.17%	2.39	2.40	2.33
3	0.95%	1.00%	0.88%	0.73	0.88	0.79
4	0.12%	0.10%	0.11%	0.43	0.44	0.43
5	1.02%	1.01%	1.04%	0.41	0.60	0.54
6	0.17%	0.12%	0.06%	0.28	0.31	0.31
7	0.25%	0.21%	0.20%	0.29	0.49	0.42
8	0.11%	0.09%	0.09%	0.22	0.24	0.22
9	0.11%	0.11%	0.10%	0.21	0.31	0.23
10	0.09%	0.07%	0.09%	0.18	0.18	0.17
11	0.32%	0.24%	0.26%	0.25	0.48	0.27
12	0.19%	0.18%	0.07%	0.15	0.23	0.17
13	0.80%	0.61%	0.73%	0.49	0.44	0.30
14	0.10%	0.18%	0.16%	0.13	0.16	0.16
15	0.09%	0.10%	0.10%	0.14	0.15	0.12
16	0.05%	0.05%	0.06%	0.12	0.11	0.11
17	0.23%	0.21%	0.22%	0.17	0.17	0.13
18	0.21%	0.21%	0.83%	0.29	0.13	0.47
19	0.33%	0.28%	0.33%	0.21	0.18	0.18
20	0.14%	0.12%	0.14%	0.11	0.10	0.10
21	0.18%	0.20%	0.20%	0.11	0.13	0.11
22	0.07%	0.07%	0.07%	0.09	0.09	0.09
23	0.15%	0.17%	0.14%	0.10	0.11	0.09
24	0.04%	0.04%	0.05%	0.08	0.09	0.08
25	0.12%	0.10%	0.13%	0.11	0.11	0.10
电压总谐波畸变率	1.80%	1.71%	1.89%	—	—	—

分析对比上述 4 种运行方式下的谐波指标情况，可以发现：

（1）4 种运行方式下各次谐波电流及各次谐波电压均在国标规定的范围内，4 种运行方式下较高的谐波电压含有率主要集中在 3、5、13 次谐波上，其中 5 次和 13 次谐波电压含有率最高，达到 1% 和 0.8%，大致为国标规定限值的 50% 和 30%。

（2）4 种运行方式下电压总谐波畸变率均在 1.8% 左右，处于国标规定的 3% 的上限值之内。

从上述两点来看，光伏直流升压并网系统在交流测存在背景谐波的情况下，总体的谐波指标能够满足国标规定的要求，4 种运行方式下的电压总谐波畸变率均达到国标要求，且距离上限值 3% 还有较大的裕度。整体来看，光伏直流升压并网系统的谐波情况良好。

2.4.3　电能质量专题分析结论

1．谐波阻抗

对于每种运行方式下的各相而言，各相之间谐波阻抗的模值和阻抗角近似相同；而不同运行方式之间存在一定差异，其中夏小、冬大、冬小三种运行方式之间差异较小，三者从基频阻抗到 25 次谐波阻抗的变化幅度较小，从 8 次谐波阻抗开始趋于稳定，最终分别稳定在 50.12 $\Omega \angle 11.05°$、34.44 $\Omega \angle 7.71°$、46.48 $\Omega \angle 10.10°$，而夏大运行方式下的系统谐波阻抗呈现近线性增长的趋势，25 次谐波阻抗已经达到 344.67 $\Omega \angle 68.55°$。

2．谐波计算

4 种运行方式下各次谐波电流及各次谐波电压均在国标规定的范围内。4 种运行方式下较高的谐波电压含有率主要集中在 3、5、13 次谐波上，其中 5 次和 13 次谐波电压含有率最高，达到 1% 和 0.8%，大致为国标规定限值的 50% 和 30%。4 种运行方式下的电压总谐波畸变率均在 1.8% 左右，处于国标中规定的 3% 的上限值之内。整体来看，光伏直流升压并网系统的谐波情况良好。

3．谐波特性

光照强度与交流侧电压总谐波畸变率之间的对应关系较弱，且不同相之间存在差异。其中，a 相在光照强度为 500 W/m^2 和 800 W/m^2 时总电压谐波畸变率上升较大，其余光照强度下的电压总谐波畸变率维持在 1.8% 左右；b 相总电压谐波畸变率随着光照强度的变化而在小范围内波动，维持在 1.69%左右；c 相的情况与 b 相的情况类似，总电压谐波畸变率维持在 1.87%左右。总的来说，不同运行方式下的总电压谐波畸变率有所差异，但是变化范围很小。从整体来看，运行方式的改变对光伏直流升压并网系统的谐波情况影响不大，各运行方式下的总电压谐波畸变率均维持在 1.8% 左右。

第 3 章

过电压与绝缘配合

本项目中含有大量电力电子设备，其耐压水平较低，需进行过电压与绝缘配合研究，根据工程落地进行海拔修正也是设计阶段需要关注的重点内容。本章从工频过电压、操作过电压、直流侧过电压、雷击过电压等几个方面进行详细计算，最后给出绝缘配合要求和海拔修正依据。

3.1 工频过电压

在暂态过程结束后，出现持续时间大于 0.1 s 至数秒甚至数小时的持续性过电压，称为暂时过电压。暂时过电压包括工频过电压和谐振过电压，本节主要研究工频过电压，对谐振过电压不进行深入研究。工频过电压的大小能直接影响操作过电压的幅值，叠加情况下的过电压幅值会特别高，所以应从根源上限制；其次工频过电压是决定线路安装的避雷器额定电压的重要依据。

导致输电线路产生工频过电压的原因有很多，主要包含容升效应、甩负荷效应和不对称接地故障。某些情况下，输电线路产生工频过电压是多种因素相互组合、共同作用所导致的。

3.1.1 空载长线路的容升效应

当输电线路不是很长时，可用集中参数的电阻、电感和电容表示。如图 3-1（a）给出了输电线路的 T 形等值电路，其中，R_0、L_0 为电源的内电阻和内电感；R_T、L_T、C_T 为 T 形等值电路的线路等值电阻、电感和电容；$e(t)$ 为电源相电动势。由于线路空载，可简化为 R、L、C 串联电路，如图 3-1（b）所示。通常情况下，高压输电线路的电阻 R 远小于 X_L 和 X_C，空载线路的工频容抗 X_C 远大于工频感抗 X_L，按照电路原理，其关系式为：

$$\dot{E} = \dot{U}_R + \dot{U}_L + \dot{U}_C = R\dot{I} + jX_L\dot{I} - jX_C\dot{I} \tag{3-1}$$

若忽略 R 的作用，则：

$$\dot{E} = \dot{U}_L + \dot{U}_C = j\dot{I}(X_L - X_C) \tag{3-2}$$

由于电感与电容上的电压反向，且 $U_C>U_L$，可见电容上的压降大于电源电动势，如图 3-1（c）所示。随着输电线路长度的增加和电压等级的提升，分析空载线路的电容效应时需要采用分布参数等值电路，但基本结论与采用集中参数等值电路结论相似。

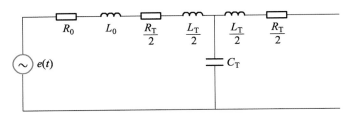

（a）输电线路的 T 形等值电路

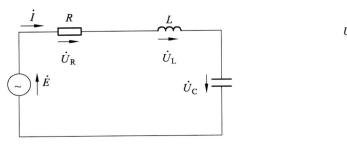

（b）输电线路的 T 形等值简化模型　　　　　（c）输电线路参数相量图

图 3-1　空载电路的电容效应

3.1.2　甩负荷引起的过电压

当线路重负荷运行时，若因为某些原因（如不对称故障）造成线路末端的断路器突然跳闸，甩掉线路的重负荷，这种情况会导致线路末端的电压升高，通常称为甩负荷效应。对于甩负荷过电压的产生，可归结为以下几点原因：

（1）发电机的电动势不能突变。在重负荷的运行情况下，线路输送功率较大，发电机的电动势必然会大于母线首端的电压，当负荷突然因断路器跳闸甩掉后，由于励磁电流的存在，磁链不能突变，发电机会在短时间内保持电动势不变，势必导致线路的电压升高。

（2）空载长线路的容升效应。当负荷被突然切除后，线路本身变成了空载线路，末端电压会升高。

（3）原动机的调速机和制动设备的物理惯性。调速机等设备由于设备质量大、惯性强，在重负荷被切除以后，不能迅速起到调速作用，在短时间内电压和频率都会持续上升，进一步导致工频过电压升高。

3.1.3　不对称接地故障

对于输电系统来说，发生最多的故障形式为单相接地故障，可占总故障次数的 80% 以上。当发生单相接地时，短路电流可分为正序、负序和零序三种。其中零序分量会导致非故障相的电压升高，一般称为不对称效应。通常用不对称效应系数或接地系数表征不对称效应产生工频电压升高程度。由于单相接地故障引起的过电压程度最严重，所以系统的避雷器参数一般以此为选定依据。

单相接地时，故障点各相的电压电流是不对称的，为了计算健全相上的电压升高，通常采用对称分量法和复合序网进行分析。

当 A 相接地时，可以求得 B、C 相上的电压为

$$
\left.
\begin{aligned}
\dot{U}_B &= \frac{(a^2-1)Z_0+(a^2-a)Z_2}{Z_0+Z_1+Z_2}\dot{U}_{A0} \\
\dot{U}_C &= \frac{(a-1)Z_0+(a^2-a)Z_2}{Z_0+Z_1+Z_2}\dot{U}_{A0} \\
a &= e^{j\frac{2\pi}{3}}
\end{aligned}
\right\}
\tag{3-3}
$$

式中：$\dot{U}_{A0}$ 为正常运行时故障点处 A 相的电压；Z_1、Z_2、Z_0 分别为从故障点看进去的电网正序、负序和零序阻抗。

对于电源容量较大的系统，$Z_1 \approx Z_2$，若忽略各序阻抗中的电阻分量 R_1、R_2、R_0，则式（3-3）可改写成：

$$
\left.
\begin{aligned}
\dot{U}_B &= \left(-\frac{1.5\dfrac{X_0}{X_1}}{2+\dfrac{X_0}{X_1}}-j\frac{\sqrt{3}}{2}\right)\dot{U}_{A0} \\
\dot{U}_C &= \left(-\frac{1.5\dfrac{X_0}{X_1}}{2+\dfrac{X_0}{X_1}}+j\frac{\sqrt{3}}{2}\right)\dot{U}_{A0}
\end{aligned}
\right\}
\tag{3-4}
$$

$\dot{U}_{\mathrm{B}}$、$\dot{U}_{\mathrm{C}}$ 的模值为

$$U_{\mathrm{B}} = U_{\mathrm{C}} = \sqrt{3}\,\frac{\sqrt{\left(\dfrac{X_0}{X_1}\right)^2 + \left(\dfrac{X_0}{X_1}\right) + 1}}{\dfrac{X_0}{X_1} + 2}\,U_{\mathrm{A0}} = K U_{\mathrm{A0}} \tag{3-5}$$

式中：

$$K = \sqrt{3}\,\frac{\sqrt{\left(\dfrac{X_0}{X_1}\right)^2 + \left(\dfrac{X_0}{X_1}\right) + 1}}{\dfrac{X_0}{X_1} + 2} \tag{3-6}$$

K 称为接地系数，表示单相接地故障时，健全相的最高对地工频电压有效值与无故障时对地电压的有效值之比。由式（3-6）可以画出接地系数 K 与 X_0/X_1 的关系曲线，如图 3-2 所示。

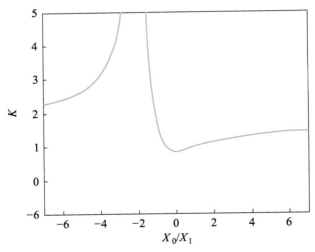

图 3-2　接地系数 K 与 X_0/X_1 的关系曲线

3.1.4　工频过电压仿真计算

本节以水平年夏季最大运行方式为研究方式，建立系统 PSCAD 模型。考虑到受端交流线路长度为 22.8 km，线路长度较短，短线路分布电容引起的电流通过线路电感时产生的电压升高不大，此时可不考虑线路空载时所产生的容升效应。此外，由于甩负荷引起的工频过电压与甩负荷时刻的瞬时电流值有关，且实际断路器一般在电流

过零点时才会动作断开线路，产生的过电压幅值相对较小。因此，只需考虑当交流侧输电线路在不同位置分别发生不对称接地故障时，健全相产生的过电压幅值大小。仿真计算时按照图 3-3 所示的模型结构，建立包含 2 个 1.5 MWp、2 个 1 MWp 的光伏阵列，2 个由 3 个 500 kW DC/DC 升压模块串联构成的 1.5 MW DC/DC 升压模块，2 个 1 MW DC/DC 升压模块，±30 kV 直流线路，±30 kV 逆变站和 35 kV 交流系统的全电磁模型。工频过电压仿真时，模型的关键部分是交流线路及其故障的设置，如图 3-3 所示。

1．单相接地故障

采用如图 3-3 所示的模型，在系统稳定运行后（本次仿真选取 2 s 时刻），对交流线路首段、中端、末端分别施加单相接地故障，故障持续 0.015 s，分别测量故障发生 100 ms 内，健全相首端、中端、末端产生的过电压幅值大小，仿真结果如表 3-1 所示。

表 3-1　交流输电线路单相接地故障后健全相过电压最大值

故障位置	首端过电压幅值/kV	中端过电压幅值/kV	末端过电压幅值/kV
首端	40.21	36.42	31.74
中端	37.54	36.12	31.32
末端	37.36	34.59	32.61

分析表 3-1 可知，当线路首端发生单相接地短路时，线路首端过电压幅值最大，为 40.21 kV（1.28 p.u.）。

2．两相接地故障

对交流线路首段、中端、末端分别施加两相接地故障，故障持续 0.015 s。分别测量故障发生 100 ms 内，健全相首端、中端、末端产生的过电压幅值大小，仿真计算时按照图 3-3 所示的模型结构，建立包含 2 个 1.5 MWp、2 个 1 MWp 的光伏阵列，2 个由 3 个 500 kW DC/DC 升压模块串联构成的 1.5 MW DC/DC 升压模块，2 个 1 MW DC/DC 升压模块，±30 kV 直流线路，±30 kV 逆变站和 35 kV 交流系统的全电磁模型。工频过电压仿真时，模型的关键部分是交流线路及其故障的设置，如图 3-3 所示。

表 3-2　交流输电线路两相接地故障后健全相过电压最大值

故障位置	首端过电压幅值/kV	中端过电压幅值/kV	末端过电压幅值/kV
首端	37.18	33.80	31.64
中端	38.50	37.36	32.00
末端	35.02	33.67	32.60

分析表 3-2 可知，当线路中端发生两相接地短路时，线路首端过电压幅值最大，为 38.50 kV（1.22 p.u.）。

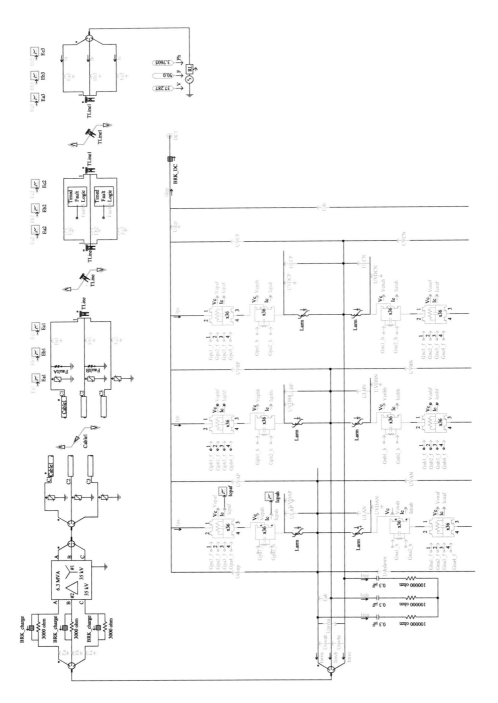

图 3-3　不对称接地故障工频过电压仿真交流输电线路及故障模型

3.2 操作过电压

当开关操作或故障状态引起系统拓扑结构发生改变时，系统内各储能元件之间的电磁能量互相转换，即在过渡过程中，由于电源继续供给能量，而储存在电感中的磁能会在某一瞬间转变为以静电场能量的形式储存于系统的电容之中，可产生数倍于电源的操作过电压，这种过电压是在几毫秒至几十毫秒之后就消失的暂态过电压。

3.2.1 切除空载线路过电压

切除空载线路也是电力系统中常见的操作之一。过电压是断路器分闸过程中的重燃现象引起的。

切除空载线路，断路器切断的是较小的容性电流，通常为几十到几百安，比短路电流小得多。然而，在分闸初期，由于断路器触头间恢复电压上升速度可能超过介质恢复强度的上升速度，造成电弧重燃现象，从而引起电磁振荡，出现过电压。运行经验表明，断路器灭弧能力越差，重燃概率越大，过电压幅值越高。

3.2.2 空载线路合闸过电压

将空载线路合闸到电源上去，也是电力系统的常见操作之一。此时出现的过电压被称为合空线过电压或合闸过电压。空载线路的合闸根据不同情况又可分为两类：一类是正常合闸产生的过电压，另一类是重合闸过电压。其中，重合闸过电压是两种过电压中较严重的一种。

之所以采用自动重合闸会产生更严重的过电压，是因为重合闸重合时，线路上仍存在一定的残余电荷和初始电压，这会导致重合闸时振荡更为激烈。

例如，在如图 3-4 所示的电路中，A 相发生单相接地短路故障，设故障后断路器 QF_2 先跳闸，断路器 QF_1 再跳闸。在 QF_2 跳闸后，流过 QF_1 健全相的电流为线路的电容电流，所以 QF_1 动作后，B、C 两相触头间的电弧将分别在该相电容电流过零时熄灭，这时 B、C 两相导线上的电压绝对值均为 U_φ（极性可能不同）。经过约 0.5 s 后，QF_1 和 QF_2 自动重合，若 B、C 相上的残余电荷没有泄漏，仍保持着原有的对地电压，那么最严重情况下，B、C 相中有一相的电源电压在重合瞬间（$t = 0$）正好经过幅值，且该极性与该导线上的残余电压（设为"$-U_\varphi$"）相反，那么重合闸后出现的振荡将使该相导线上出现最大的过电压，其值为

$$U_C = 2U_W - u_C(0) = 2U_\varphi - (-U_\varphi) = 3U_\varphi \qquad (3\text{-}7)$$

式中：U_W 为稳态电压。

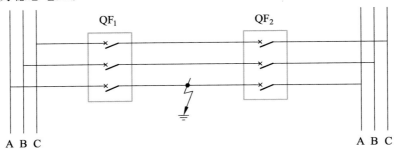

图 3-4   单相接地故障和自动重合闸示意图

如果采用单相重合闸，只切除故障相，而健全相不与故障侧脱离，则当故障相重合闸时，健全相上不存在残余电荷和初始电压，即不会出现上述高幅值重合闸过电压。因此，在合闸过电压中，三相重合闸带来的过电压最为严重，最高可达 $3U_\varphi$。

合闸过电压与其他操作过电压相比，过电压倍数其实并不算大，但却成为系统绝缘配合中的主要矛盾。这是因为，其他类型操作过电压幅值虽然更高，但却有各种措施将其一一加以抑制或降低（例如使用不重燃断路器、新的变压器铁心材料等）。而合闸过电压却很难找到限制保护措施，因此其成为输电系统绝缘配合的决定性因素。

3.2.3   操作过电压仿真计算

在水平年夏季最大运行方式下建立系统 PSCAD 模型，对交流侧切除空载线路（简称切空线）过电压进行仿真。操作过电压仿真计算建模与工频过电压建模一样，需要建立本工程所包含的所有光伏阵列、DC/DC 升压变流器、直流线路、逆变站及交流系统的全电磁模型。操作过电压仿真计算时，模型的关键部分是交流线路及其投切控制，如图 3-5 所示。

采用如图 3-5 所示的模型，在系统稳定运行后（本次仿真选取 2 s 时刻），对交流线路首段、中端、末端分别施加单相接地故障，故障持续 0.5 s。故障发生后，故障相断路器在过零点时断开，完成故障切除。测量断路器动作 100 ms 内，健全相首端、中端、末端产生的过电压幅值大小，仿真结果如表 3-3 所示。

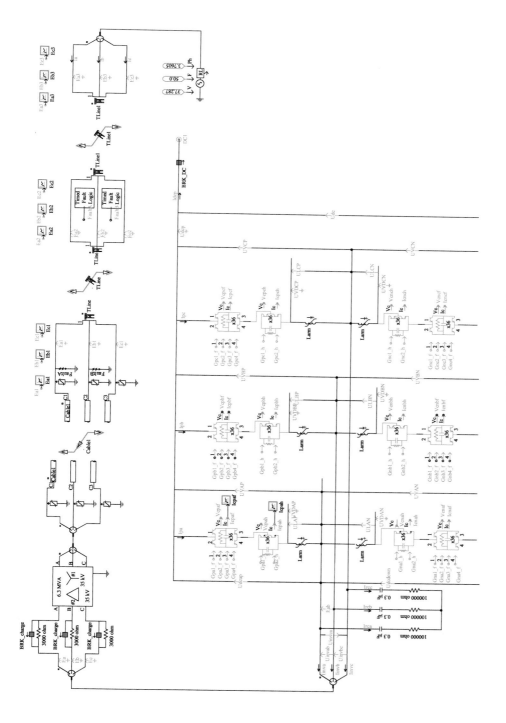

图 3-5　切空线过电压仿真模型

表 3-3　交流输电线路单相接地故障单相断路器动作后切空线过电压

故障位置	首端过电压幅值/kV	中端过电压幅值/kV	末端过电压幅值/kV
首端	49.33	41.13	34.50
中端	38.51	35.72	32.75
末端	38.88	36.23	33.74

分析表 3-3 可知，当线路首端发生单相接地短路故障单相断路器动作后，线路首端过电压幅值最大，达到 49.33 kV（1.57 p.u.）。

对交流线路首段、中端、末端分别施加单相接地故障，故障持续 0.5 s。故障发生后，三相断路器在过零点时断开，完成故障切除。测量断路器动作 100 ms 内，输电线路首端、中端、末端产生的过电压幅值大小，仿真结果如表 3-4 所示。

表 3-4　交流输电线路单相接地故障三相断路器动作后切空线过电压

故障位置	首端过电压幅值/kV	中端过电压幅值/kV	末端过电压幅值/kV
首端	35.43	33.29	30.60
中端	38.28	35.92	31.82
末端	33.20	31.37	30.18

分析表 3-4 可知，当线路中端发生单相接地短路故障，三相断路器动作后，线路首端过电压幅值最大，达到 38.28 kV（1.22 p.u.）。

对交流线路首段、中端、末端分别施加两相接地故障，故障持续 0.5 s。故障发生后，三相断路器在过零点时断开，完成故障切除。测量断路器动作 100 ms 内，输电线路首端、中端、末端产生的过电压幅值大小，仿真结果如表 3-5 所示。

表 3-5　交流输电线路两相接地故障三相断路器动作后切空线过电压

故障位置	首端过电压幅值/kV	中端过电压幅值/kV	末端过电压幅值/kV
首端	34.03	32.20	30.94
中端	31.44	29.45	28.31
末端	32.10	28.42	28.21

分析表 3-5 可知，当线路首端发生两相接地短路故障，三相断路器动作后，线路首端过电压幅值最大，达到 34.03 kV（1.08 p.u.）。

由于 35 kV 线路电压等级较低，实际应用中大多采用三相一次重合闸。因此，本节在水平年夏季最大运行方式下建立系统 PSCAD 模型，对交流侧三相空载合闸过电压进行仿真。

采用如图 3-5 所示的模型，在系统稳定运行后（本次仿真选取 2 s 时刻），对交流线路首段、中端、末端分别施加单相接地故障。故障发生后，三相断路器在过零点时断开，一段时间后三相重合闸。测量重合闸 100 ms 内，输电线路首端、中端、末端产生的过电压幅值大小，仿真结果如表 3-6 所示。

表 3-6　交流输电线路单相接地故障三相断路器动作后重合闸过电压

故障位置	首端过电压幅值/kV	中端过电压幅值/kV	末端过电压幅值/kV
首端	77.63	70.65	36.88
中端	44.47	48.42	32.33
末端	71.41	65.73	36.98

分析表 3-6 可知，当线路首端发生单相接地短路故障三相断路器动作后重合闸时，线路首端过电压幅值最大，达到 77.63 kV（2.46 p.u.）。

对交流线路首段、中端、末端分别施加两相接地故障。故障发生后，三相断路器在过零点时断开，一段时间后三相重合闸。测量重合闸 100 ms 内，输电线路首端、中端、末端产生的过电压幅值大小，仿真结果如表 3-7 所示。

表 3-7　交流输电线路两相接地故障三相断路器动作后重合闸过电压

故障位置	首端过电压幅值/kV	中端过电压幅值/kV	末端过电压幅值/kV
首端	71.78	66.36	37.25
中端	46.34	49.39	30.83
末端	46.82	50.71	32.56

分析表 3-7 可知，当线路首端发生两相接地短路故障三相断路器动作后重合闸时，线路首端过电压幅值最大，达到 71.78 kV（2.28 p.u.）。

3.3 直流侧过电压

本工程中，直流侧输电线路为地下电缆，因此当电缆外绝缘出现破损时，可能出现单极接地故障或极间短路故障，进而导致直流侧出现过电压。此外，当交流侧发生不对称短路故障时，直流侧也会相应地出现过电压的情况。

在 PSCAD 中建立考虑直流输电线路电缆模型的系统模型，从而对直流侧可能出现的过电压进行仿真。

3.3.1 直流电缆外绝缘故障

在 PSCAD 中建立的模型如图 3-6 所示。在系统稳定运行后（本次仿真选取 2 s 时刻），在直流线路中端出现外绝缘故障，故障持续 0.5 s。测量故障发生后，非故障极首端、中端、末端产生的过电压幅值大小，以及换流阀两侧电压的大小，仿真结果如表 3-8 所示。

表 3-8　直流输电线路外绝缘故障后直流侧过电压最大值

换流阀两侧电压/kV	首端过电压幅值/kV	中端过电压幅值/kV	末端过电压幅值/kV
63.15	62.39	64.28	65.02

分析表 3-8 可知，当直流输电线路中端外绝缘故障后，换流阀两侧电压达到 63.15 kV，直流线路首端、中端、末端过电压达到 62.39 kV、64.28 kV、65.02 kV。

3.3.2 交流断路器动作换流阀两侧过电压

在 PSCAD 中建立的模型如图 3-6 所示。在系统稳定运行后（本次仿真选取 2 s 时刻），对交流线路首端出现单相接地故障、两相接地故障、雷电绕击后，以及故障后交流系统断路器动作后的换流阀两侧电压幅值进行测量，仿真结果如表 3-9 所示。

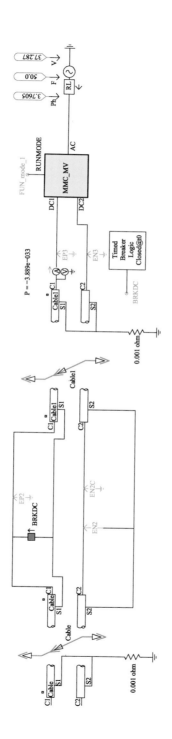

图 3-6　直流电缆外绝缘故障仿真模型

表 3-9　交流断路器动作换流阀两侧电压幅值

故障类型	断路器动作	换流阀两侧电压幅值/kV
单相接地故障	无	71.85
	分闸	127.31
两相接地故障	无	73.13
	分闸	126.01
雷电绕击	无	99.80

分析表 3-9 可知，当交流线路发生单相接地故障，且三相断路器动作时，换流阀两侧电压最大，达到 127.31 kV。

3.4　输电线路雷电过电压

3.4.1　雷电过电压基础知识

在一定的条件下，雷云中所带的电荷在热气流的影响下，一遇到稀薄的空气会迅速冷凝，形成放电过程。雷云与地面之间可形成放电过程，雷云与雷云之间也能形成放电过程。本节所研究的雷电放电即雷云对地放电。

电场的形成发生在雷云与地面放电的过程中，正负极性相反的电荷聚集在一起，产生电位差。电压的幅值瞬间突变到数兆伏甚至数十兆伏。一旦电荷聚集电场强度大于临界电场强度，局部放电就会发生。其中，雷云对地的放电即下行雷，场强的方向是对地的。

下行雷的放电过程主要包括：先导放电、主放电和余辉放电三个过程。最先开始的放电过程仅持续几毫秒，局部放电刚开始对大地延伸形成导电通道，并在通道中残留有大量同极性的电荷。而主放电过程则发生在下行先导和大地短接时。完成主放电后，剩余的电荷沿着通道进入大地，这时会有模糊发光的现象，即余辉放电，期间的电流呈现衰减态势，持续很短的时间，一般为几毫秒。

雷电放电过程后伴随着几个至十几个后续的分级分量，各分量中的最大电流和电流增长最大陡度是造成被击物体上过电压、电动力和爆破力的主要因素。而在余辉放电阶段流过的幅值虽较小，但延续时间较长的电流则是造成雷电热效应的重要因素之一。

1. 雷电波的形成

大自然中的雷电现象极其复杂。雷电中包含着巨大的能量，雷击可视为一个电流波注入雷击点形成两条通路，同时也形成电压波。雷击导线示意图如图 3-7 所示。通道的波阻抗的值是其电压与电流之间的比值。

现有工程实践中所用的杆塔，其波阻抗非常小，发生雷击时，同时伴随着承受的对地电压非常小，理想情况下基本可以忽略不计，即可以认为杆塔顶部对地不产生电压。要保证电位为零，必须实现其正负电荷相互抵消。但随着此通道中的电压反射回去的同时，通道还有一个电流。因为入侵的电流极性为正，反射回去的电流极性为负，所以等同于同一方向的电流变为两倍。对于被击的导线来说，电流的幅值即增加一倍，相反，电压幅值瞬间呈短路状态。在实际的工程计算中，塔脚的接地电阻并不能忽略不计，转化的过程也不尽完善。杆塔的接地电阻，导致电阻上的压降还会使避雷线瞬时增压，因此形成了雷电压，同时伴随着电流行波。雷击塔顶波过程示意图如图 3-8 所示，所测的电流幅值即雷电流。

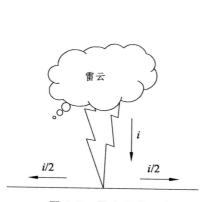

图 3-7　雷击导线示意图

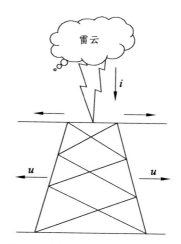

图 3-8　雷击塔顶波过程示意图

2. 雷电参数的选取

雷击过程的研究必须要了解雷电参数，这是过电压计算和工程设计的前提和基础。雷电放电涉及气象、地形、地质等许多自然因素，有很大的随机性，因而表征雷电特性的诸参数带有统计的性质。许多国家都选择在典型地区建立雷电观测站，并在输电线路和变电站中附设观测装置，进行长期的、系统的雷电观测，将观测所得的数据进行统计分析，为防雷保护的设计研究提供依据。现将主要雷电特性参数分述如下：

1）雷电流的波形和极性

实测结果表明，雷电流是单极性的脉冲波，许多雷电流波形都是在峰值附近出现明显的双峰，波尾部分也有不太大的隆起。根据国内外实测统计，75% ~ 90% 的雷电流是负极性的。因此，电气设备的防雷保护和绝缘配合通常都是取负极性的雷电冲击波进行研究分析。

2）雷电流的幅值、波头和波长

对于脉冲波形的雷电流，需要三个主要参数来表征，分别为幅值、波头和波长。幅值是指脉冲电流所达到的最高值；波头是指电流上升到幅值的时间；波长是指脉冲电流的持续时间。

幅值和波头决定了雷电流随时间上升的变化率，称为雷电流的陡度。雷电流的陡度对过电压有直接影响，也是常用的一个重要参数。

3）雷电流幅值概率分布

我国现行标准如下：

$$\lg P = -\frac{I}{88} \qquad (3\text{-}8)$$

式中：I 是雷电流幅值；P 是幅值等于大于 I 的雷电流概率。例如，幅值等于和超过 50 kA 的雷电流，计算可得概率为 33%。

上述雷电流幅值累积概率计算公式适用于我国大部分地区。对于雷电活动很弱的少雷地区，例如陕南以外的西北地区及内蒙古自治区的部分地区，年平均雷电活动日 15 日以下，雷电流幅值概率可按以下公式求得：

$$\lg P = -\frac{I}{44} \qquad (3\text{-}9)$$

虽然雷电流幅值随各国的自然条件不同其差别很大，但是各国测得的雷电流波形却基本一致。据统计，波头长度大多在 1 ~ 5 μs 内，平均为 2 ~ 2.5 μs。我国在防雷保护设计中建议采用 2.6 μs 的波头长度。

对于雷电流的波长，实测表明在 20 ~ 100 μs 内，平均为 50 μs，大于 50 μs 的仅占 18% ~ 30%。

根据以上分析，在防雷保护计算中，雷电流的波形可采用 2.6/50 μs。

雷电流的各项主要参数——幅值、波头和波长的实测数据具有很大的分散性。许多研究者发表过各种研究结果，虽然基本规律大体相近，但其具体数值却有差异。其原因，一方面在于雷电放电本身的随机性受到自然条件多种因素的影响，另一方面也在于测量条件和技术水平的不同。我国幅员辽阔，各地自然条件千差万别。雷电观测工作有待于进一步加强。

3．雷电流的等值波形

电力设备的绝缘强度试验和电力系统的防雷保护设计，都要求将雷电流波形等值为典型化的可用解析式表达的波形。常用的等值波形有以下 3 种：

1）标准冲击波

标准冲击波的波形由双指数式表示：

$$i = I_0(\mathrm{e}^{-\alpha t} - \mathrm{e}^{-\beta t}) \tag{3-10}$$

式中：I_0 为某固定电流值；α、β 为两个常数；t 为作用时间。

标准冲击波的波形如图 3-9（a）所示。标准冲击波的波头和波长按下述方法规定。波头 τ_f 是 $O_1 t_1$ 的时间[见图 3-9（b）]。O_1 由 $0.3I_m$ 和 $0.9I_m$ 两点连成的斜线与时间坐标轴的交点决定；t_1 由该斜线与电流幅值 I_m 水平线的交点决定；波长 τ_t 是指 $O_1 t_2$ 的时间，t_2 是冲击波下降至幅值的一半时所经历的时间。

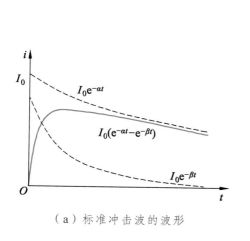

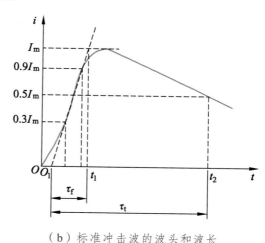

（a）标准冲击波的波形　　　　　　　（b）标准冲击波的波头和波长

图 3-9　雷电流的标准冲击波

当被击物体的阻抗只是电阻 R 时，作用在 R 上的电压波形 u 与电流波形 i 同相。双指数波形也用作冲击绝缘强度试验的标准电压波形。我国采用国际标准波头 $\tau_f = 2.6\ \mu s$，波长 $\tau_t = 50\ \mu s$，记作 $2.6/50\ \mu s$。

2）等值斜角波

为简化防雷计算，常将雷电流用等值斜角波来表示，如图 3-10 所示。其波头陡度 α 由给定雷电流幅值 I_m 和波头时间 τ_f 决定，$\alpha = I_m / \tau_f$。其波尾部分可以是无限长（图 3-10 中①②），此时又称为斜角平顶波。若有一定波长，如图 3-10 中①③构成三角波，也叫等值斜角波。

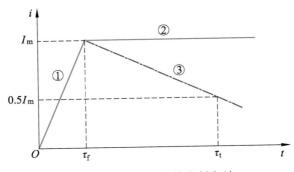

图 3-10　雷电流的等值斜角波

斜角波的数学表达式简单，用以分析雷电流所引起的波过程较为方便。

3）等值余弦波

雷电流的等值余弦波如图 3-11 所示，表示如下：

$$i = \frac{I_m}{2}(1 - \cos \omega t)$$

（3-11）

式中：$\omega = \pi / \tau_f$。

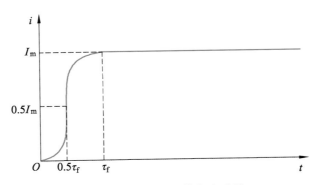

图 3-11　雷电流的等值余弦波

这种等值波形多用于分析雷电流的波头，因为用余弦函数波头计算雷电流通过电感支路时所引起的压降较为方便。此时最大陡度出现在波头中间 $t = \tau_f / 2$ 处，其值为

$$\alpha_{\max} = \left(\frac{\mathrm{d}i}{\mathrm{d}t}\right)_{\max} = \frac{I_{\mathrm{m}}\omega}{2} \tag{3-12}$$

已知 $\omega\tau_{\mathrm{f}} = \pi$，因此在给定雷电流幅值 I_{m} 和最大陡度 $\alpha_{\max}$ 的情况下，可求出余弦波头对应的等值波的角频率 ω 和波头 τ_{f}：

$$\omega = \frac{2\alpha_{\max}}{I_{\mathrm{m}}} \tag{3-13}$$

$$\tau_{\mathrm{f}} = \frac{\pi I_{\mathrm{m}}}{2\alpha_{\max}} \tag{3-14}$$

4．输电线路上雷电过电压的形成

根据过电压形成的物理过程，雷电过电压可分为两种：直击雷过电压和感应雷过电压。直击雷过电压是由雷电直接击中杆塔、避雷线或导线（图 3-12 中①、②或③）引起的线路过电压；感应雷过电压是雷击线路附近大地（图 3-12 中④），由于电磁感应在导线上产生的过电压。运行经验表明，直击雷过电压对电力系统的危害最大，因此对直击雷对换流站设备造成的影响进行分析至关重要。

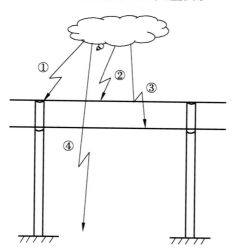

图 3-12 雷击线路部位示意图

按照雷击线路部位的不同，直击雷过电压又分为两种情况：一种是雷击线路杆塔或避雷线时，雷电流通过雷击点阻抗，使该点对地电位大大升高，当雷击点与导线之间的电位超过线路绝缘的冲击放电电压时，会对导线发生闪络，使导线出现过电压。因为杆塔或避雷线的电位（绝对值）高于导线，故通常称为反击。另一种是雷电直接击中导线（无避雷线时）或绕过避雷线（屏蔽失效）击中导线，直接在导线上引起过电压。后者通常称之为绕击。

1）输电线路感应过电压

由于雷云对地放电过程中放电通道周围空间电磁场的急剧变化，会在附近输电线路的导线上产生感应过电压。虽然对感应过电压形成的物理解释目前已有了较为一致的认识，但由于雷电放电过程的原始数据难以确定等原因，感应过电压的具体计算因算法不同，计算结果往往差别很大。

当雷击线路附近大地时，由于电磁感应，在线路的导线上会产生感应过电压，包括：

（1）由于先导通道中的电荷所产生的静电场突然消失而引起的感应过电压，称之为感应过电压的静电分量。

（2）由于先导通道中雷电流所产生磁变化而引起的感应过电压，称之为感应过电压电磁分量。据理论分析与实测结果，相关规范建议，当雷击点离线路距离 $S > 65\ \text{m}$ 时，导线上感应雷过电压最大值 u_g 计算如下：

$$u_\text{g} = 25 \times I_\text{L} \times \frac{h_\text{d}}{S}\ (\text{kV}) \tag{3-15}$$

式中：I_L 为雷电流幅值，kA；h_d 为导线悬挂的平均高度，m；S 为雷击点距离线路的距离，m。

有避雷线时，由于避雷线与导线间有耦合作用，因此导线上的电位为

$$u'_\text{g} = u_\text{g}(1 - K) \tag{3-16}$$

式中：K 为耦合系数。

当雷击线路杆塔时，迅速向上发展的主放电引起周围空间电磁场的突然变化，也会在导线上感应出与雷电流极性相反的过电压。在导线—大地回路中，由于雷电通道电流所产生的电磁感应远小于杆塔电流所产生的电磁感应，而后者以杆塔电感压降的形式计及，故在感应过电压中主要考虑静电分量。

《交流电气装置的过电压保护和绝缘配合设计规范》建议对一般高度的线路，无避雷线时导线上的感应过电压的最大值计算如下：

$$U_\text{i} = ah_\text{c} \tag{3-17}$$

式中：U_i 为感应过电压，kV；h_c 为导线悬挂的平均高度，m；a 为感应过电压系数，其值等于以 kA/μs 为单位的雷电流平均陡度值。

有避雷线时，由于它的屏蔽作用，导线上的感应过电压将降低为

$$u_i' = (1-k_0)U_i = (1-k_0)ah_c \qquad (3-18)$$

式中：k_0 为导线与避雷线间的耦合系数。

2）直击雷绕击过电压

我国 110 kV 及以上的高压输电线路一般都有避雷线保护，以免导线直接遭受雷击。但由于各种随机因素，如遇避雷线的屏蔽保护失效，也有可能发生雷绕过避雷线击中导线的情况，通常称为绕击，如图 3-13 所示。显然绕击的概率很低，发生绕击时的雷电流幅值较小，但一旦绕击形成很高的冲击过电压，即有可能使线路绝缘子串闪络，或侵入变电站危及电气设备的安全。

忽略避雷线和导线的耦合作用，以及杆塔接地的影响，导线落雷点 A（见图 3-13）的电位计算可简化为如图 3-14（a）所示。由彼德逊等效电路可知，从 A 点看，雷击放电可以等值为幅值等于 $I/2$ 的雷电流波，或幅值为 $U_0 = IZ_0/2$ 的雷电压波沿波。阻抗为 Z_0 的雷电通道传播到达 A 点，设导线为无限长，即不考虑导线远端返回 A 点的反射波，则根据彼德逊法则，可得到计算 A 点电位的电压源等值电路[见图 3-14（b）]或电流源等值电路[见图 3-14（c）]。其中，$Z_c/2$ 为导线的等值波阻抗，即 A 点两侧导线波阻抗 Z_c 的并联值。

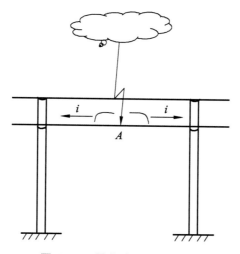

图 3-13　雷绕击导线示意图

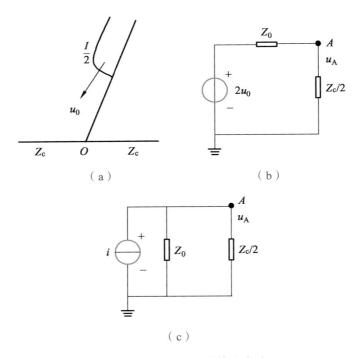

（a） （b）

（c）

图 3-14 绕击导线的等值电路

按等值电路图可求得流经雷击点的雷电流为

$$-i_A = i \frac{Z_0}{Z_0 + Z_c / 2} = i \frac{2Z_0}{2Z_0 + Z_c}$$ （3-19）

雷击点电位为

$$u_A = i_A \frac{Z_c}{2} = i \frac{Z_0 Z_0}{2Z_0 + Z_c}$$ （3-20）

由式（3-20）可见，绕击过电压的极性及波形与雷电流完全相似，其幅值为

$$U_A = I \frac{Z_0 Z_0}{2Z_0 + Z_c}$$ （3-21）

在近似计算中，部分情况下假设 $Z_0 \approx Z_c / 2$ ，即认为雷电波在雷击点未发生折射、反射，则式（3-21）化为

$$U_A = \frac{I}{2} \times \frac{Z_c}{2} = \frac{1}{4} I Z_c \qquad (3\text{-}22)$$

可依此来估算直击或绕击导线的过电压和耐雷水平。

3）直击雷反击过电压

雷击线路杆塔塔顶（包括避雷线紧靠塔顶处）时，由于塔顶电位比导线电位高得多，所以可能引起绝缘子串闪络，即发生反击，使导线接地短路，造成线路跳闸，同时在导线上形成很高的反击过电压波向两侧线路传播，侵入变电站而危害电气设备。

如前所述，在雷击塔顶的先导放电阶段，导线、避雷线和杆塔上虽然都会感应出异号束缚电荷，但由于先导放电的发展速度较慢，如果不计工频工作电压，导线上的电位仍为零，避雷线和杆塔的电位也为零，因此线路绝缘上不会出现电位差。在主放电阶段，先导通道中的负电荷与杆塔、避雷线及大地中的正电荷迅速中和，形成雷电冲击电流。如图 3-15（a）所示，此时，一方面负极性的雷电冲击波沿着杆塔向下和沿避雷线向两侧传播，使塔顶电位不断升高，并通过电磁耦合使导线电位发生变化；另一方面由塔顶向雷云迅速发展的正极性雷电波，引起空间电磁场迅速变化，又使导线上出现正极性的感应雷电波。作用在线路绝缘子串上的电压为横担高度处杆塔电位与导线电位之差。这一电压一旦超过绝缘子串的冲击放电电压，反击随即发生。

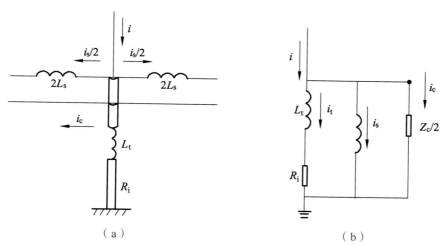

（a）   （b）

图 3-15　雷击塔顶的等值电路

对于一般高度（高度小于 40 m）的杆塔，在工程近似计算中常采用如图 3-15（b）所示的集中参数等值电路。图中 L_t 为被击杆塔的等值电感；R_i 为被击杆塔的冲击接地电阻；i_t 为流经杆塔入地的电流；未考虑相邻杆塔及其接地电阻的影响，L_s 为杆塔两侧一挡避雷线并联的等值电感；i_s 为流过 L_s 的电流。当绝缘子串闪络以后，还应考虑两侧导线的分流作用，如图中 i_c 对应的 $Z_c/2$ 支路所示，其中 Z_c 为每侧导线的等值波阻抗值。

塔顶电位为

$$u_{top} = R_i i_t + L_t \frac{di_t}{dt} = \beta\left(R_i i + L_t \frac{di}{dt}\right) \tag{3-23}$$

式中：β 为杆塔分流系数。

塔顶电位为 u_{top} 时，与塔顶相连的避雷线也有相同的电位 u_{top}，由于避雷线与导线之间的电磁耦合作用，将在导线上出现耦合电位 ku_{top}，其中 k 为耦合系数。耦合电位的极性与雷电流相同。此外，雷击有避雷线的杆塔塔顶时，由于空间电磁场的突然变化，在导线上还会出现幅值为 $ah_c\left(1 - k_0 \frac{h_s}{h_c}\right)$ 的感应雷过电压。其中，k_0 为导线对避雷线的几何耦合系数；h_s 为避雷线对地平均高度；h_c 为导线对地平均高度；a 为感应过电压系数。感应雷电压的极性与雷电流相反。

导线电位为

$$u_c = ku_{top} - ah_c\left(1 - k_0 \frac{h_s}{h_c}\right)\frac{t}{\tau_f} \tag{3-24}$$

作用在绝缘子串上的电压 u_{ins} 为横担高度处的杆塔电位 u_a 与导线电位 u_c 之差，即：

$$u_{ins} = u_a - u_c \tag{3-25}$$

$$u_{ins} = (1-k)\beta R_i i + \left(\frac{h_a}{h_t} - k\right)\beta L_t \frac{di}{dt} + \left(1 - k_0 \frac{h_s}{h_c}\right)\frac{t}{\tau_f} \tag{3-26}$$

式中：h_a、h_t 分别为导线横担高度和杆塔高度。

雷击塔顶后绝缘子串上的电压随着雷电流损失值和时间的增加而增长，如图 3-16 中 $u_{ins}(t)$ 曲线所示。而绝缘子串的冲击放电特性则用 50% 冲击放电伏秒特性表示，如

图 3-16 中伏秒特性曲线 $u_{50\%}(t)$ 所示。当绝缘子串上的作用电压超过其 50% 冲击放电电压，即图中两曲线相交于 t_s 时，绝缘子串就发生闪络。因为此时横担高度处的杆塔电位绝对值比导线电位高，所以通常称为"反击"。

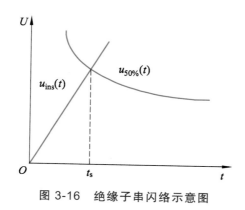

图 3-16　绝缘子串闪络示意图

3.4.2　雷电过电压计算方法与 PSCAD/EMTDC 应用

1. 换流站防雷研究

变电站和换流站是多条输电线路的交汇点，同时也是电力系统的枢纽点。相比于输配电线路发生雷害事故，变电站和换流站发生雷害事故将会造成更加严重的后果，往往会导致大面积的停电事故。因此，在进行变电工程设计之前，针对大气过电压及其保护的问题做出深入详细的研究是很有必要的。

变电设备（其中最主要的是电力变压器）的内绝缘水平往往低于线路的绝缘水平，同时，变电设备自身不具有自恢复功能。因此，一旦因为雷电过电压而发生击穿，其后果十分严重。总的来说，雷害来源主要有以下三方面：

（1）雷直击于站区的导线和设备上；

（2）站区落雷时产生感应过电压；

（3）沿线路传来的雷电波。

站区直击雷防护主要依靠避雷针。但根据我国电力系统的运行经验，装有避雷针（线）后，每年每一百个变电站和环楼站的绕击事故为 0.2 ~ 0.3 次，雷击避雷针引起的反击事故率也约为 0.3 次，可以说是相当可靠。但即便如此，装有合格避雷器的变电站和换流站仍然存在因遭受雷击而发生严重灾害事故的可能。

防雷保护主要包括直击雷保护和雷电侵入波保护两部分。直击雷是指雷电直接击中站内各种建、构筑物，出现雷电过电压，通常都会引起绝缘的闪络或者击穿；雷电侵入是指雷电波沿着架空输电线路进入变电站和换流站，在各电气设备上产生不允许的雷电过电压。由于线路落雷事故次数多，沿线路侵入的雷电波袭击的现象最为频繁。因此，从可靠性和经济性的角度考虑，更加需要对雷电侵入波过电压进行研究，从而确保当雷电波沿线路侵入时，各种运行方式下站内各电气设备的过电压水平不超过其绝缘水平，同时流过避雷器的最大雷电流不超过规定值。这是对变电站和换流站进行雷击过电压计算和分析的重点。

2. 雷电侵入的方式

变电站和换流站的雷电侵入波分为两种情况：第一种是雷击杆塔塔顶造成的反击；第二种是雷电绕过避雷线直击线路造成的绕击。

对于绕击，以等击距的假设为前提进行电气几何分析。由其几何模型分析可知，当雷电流数值达到一定程度时，不会发生绕击导线的情况。而当雷电流数值较小时，绕击的可能性大大增加，但此时产生的过电压及过电流幅值都较小。

3. 雷击点的选取

对于沿全线有避雷线的线路来说，把站区附近 2 km 长的一段线路称为进线段。线路其余长度的避雷线作为线路防雷使用，而这 2 km 进线段的避雷线除可作为线路防雷使用外，还担负着避免或减少变电所雷电行波事故的作用，其重要性不言而喻。运行经验表明，变电站行波雷害事故约 50% 是由离变电站 1 km 以内雷击线路引起的，约 71% 是 3 km 以内雷击线路引起的。因此，加强进线段的防雷对变电站十分重要。《交流电气装置的过电压保护和绝缘配合设计规范》(GB/T 50064—2014)(简称《规范》)规定，未沿全线架设地线的 35～110 kV 线路，其变电站的进线段应配置进线保护接线，如图 3-17 所示。

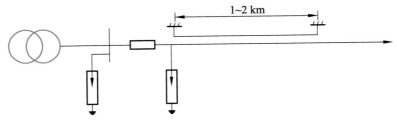

图 3-17　交流侧进线段保护接线

美国、西欧和日本以及 CIGRE（国际大电网组织）工作组，均以近区雷击作为变电站侵入波的重点考察对象。近区雷击的侵入波过电压一般均高于远区雷击的侵入波过电压，问题是要确定近区雷击第几号杆塔时过电压幅值最大。有人认为雷击 1# 杆塔会在变电站形成最严重的侵入波过电压，这种想法在某些情况下可能是正确的，但在我国大多数情况下不合适。大量研究表明，1# 杆塔和变电站的门形构架距离一般较近，加之门形构架的冲击接地电阻比较小，雷击 1# 杆塔塔顶时，经地线由门形构架返回的负反射波很快返回 1# 杆塔，降低了 1# 杆塔的电位，使侵入波过电压减小。而 2#、3# 塔离门形构架较远，受负反射波的影响较小，过电压较高。所以仅计算 1# 雷击塔侵入波电压不全面。

进线段各塔的塔形、高度、绝缘子串放电电压、杆塔接地电阻不同，也会造成雷击进线段各塔时侵入波过电压的差异。根据经验，一般为雷击 2# 或 3# 塔顶时的过电压较高。考虑以上原因，在计算过程中兼顾近区和远区雷击，即计算雷击 1# ~ 5# 杆塔的情形。

4．换流站过电压计算接线方案

交流场电气接线方案如图 3-18 所示。35 kV 变电站防雷保护接线要求每组避雷器都可用于保护与它靠近的某些电气设备。考虑操作过电压保护的需要，一般 35 kV 变电站的保护接线是在每台变压器的出口装设一组避雷器，在每回线路入口的出线断路器的线路侧装设一组线路型避雷器。当变电站和换流站规模很大、母线很长时，经过计算机计算或模拟实验结果证明不能满足保护要求时，才考虑在母线或旁路母线的适当位置增设避雷器。

3.4.3 基于 PSCAD/EMTDC 的计算模型

1．雷电流模型

采用国际通用法进行最大雷电流的计算。雷电流的取值高低对后续的计算具有重大的影响；雷电流取值太高，会造成绝缘配置浪费；取值太低，则易导致运行不安全。在对雷电流幅值的统计中，日本统计的雷电流幅值比较低，而西欧部分国家的取值则较高。因此，最大雷电流计算值的选取要结合国情进行。根据换流站所处地区雷电流幅值分布概率，本项目取最大雷电流为 150 kA，大于或等于它的概率为 1.97%。

据统计，雷电流波头的长度通常在 1 ~ 5 μs 内，平均为 2 ~ 2.5 μs。根据《规范》建议，取雷电流波形为 2.6/50 μs。

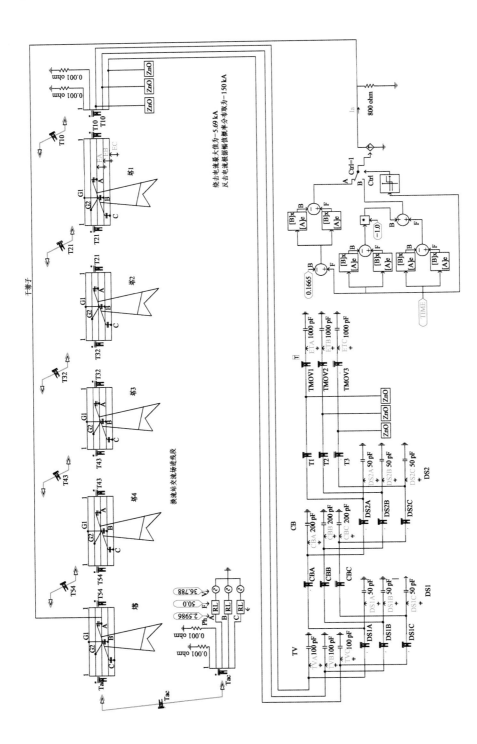

图 3-18　交流场电气接线方案

2．进线端杆塔模型

在防雷计算中，杆塔的冲击相应波阻抗是一个非常重要的参数。所谓杆塔的冲击相应波阻抗，是指在雷电冲击波作用下，塔顶呈现的电位与由塔顶注入的冲击电流的比值。杆塔的冲击相应波阻抗的大小直接影响到塔顶电位的计算结果。研究表明，波阻抗沿杆塔是变化的，存在相当大的衰减。尽管如此，我们仍可以给杆塔波阻抗一个确定的值，且由此值计算得到的塔顶电位随时间变化的函数与模型试验得到的结果及现场计算的结果仅存在很小的误差。

在工程近似计算中，杆塔常被等效为集中参数的电感或分布参数。本项目将杆塔视为分布参数，按波阻抗考虑，用单相无损线来模拟杆塔。目前，工程上推荐的杆塔波阻抗为 150 Ω，杆塔电感为 0.5 μH/m，相应的波速为 300 m/μs。具体模型如图 3-19 所示。

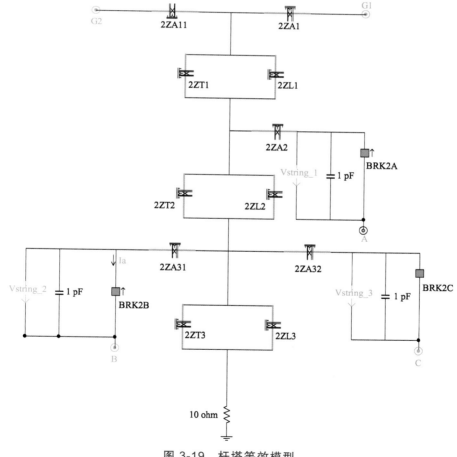

图 3-19　杆塔等效模型

3. 避雷器模型

P. Pinceti 和 M. Giannettoni 在 1999 年提出避雷器等效电路，如图 3-20 所示。

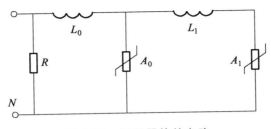

图 3-20　避雷器等效电路

HY5WZ-51/134 避雷器模型如图 3-21 所示。

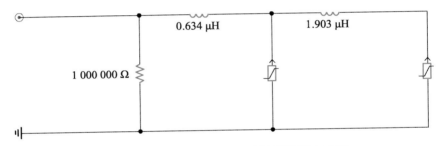

图 3-21　HY5WZ-51/134 避雷器模型电路图

图 3-21 中，R 取 1 MΩ，非线性电阻伏安特性数据如表 3-10 所示进行取值。

表 3-10　避雷器参数

避雷器型号	避雷器额定电压 /kV	雷电冲击电流残压 /kV	直流 1 mA 参考 电压/kV	陡波冲击电流 残压/kV
HY5WZ-51/134	51	134	73	154

4. 换流站设备模型

因雷电侵入波等值频率较高，维持时间很短，通常在 10 μs 左右即可算出最大过电压幅值。站内设备如变压器、隔离开关、断路器、互感器等，在雷电波作用下，均可等值为冲击入口电容，如表 3-11 所示，它们之间由分布参数线段相隔。

表 3-11　交流场设备等值电容

设备名称	换流变压器	隔离开关	断路器	电压互感器
等值电容/pF	1 000	50	200	100

5．绝缘子闪络模型

杆塔绝缘子串上的闪络电压与作用在其上的电压波形有关，用伏秒特性表示。绝缘子串的伏秒特性是指绝缘子串上出现的电压最大值和放电时间的关系曲线。目前用来判定绝缘子闪络的方法主要有以下三种：

1）规程法

我国在防雷计算中判断绝缘子是否闪络，现行的行业标准和工程上是用比较绝缘子串两端出现的过电压与绝缘子串或空气间隙 50% 放电电压方法作为判据，过电压超过绝缘的 50% 放电电压即判为闪络，因此该方法也称为 50% 放电电压法。

2）相交法

美国和西欧等国家和地区多采用相交法。该方法将绝缘子串上的电压波形和标准波（1.2/50 μs）下的伏秒特性值进行比较，当绝缘子串上的两端电压与伏秒特性曲线相交，即可判断为闪络，当绝缘子串上的过电压波与伏秒特性曲线不相交，即不发生闪络。该方法对波尾放电时的情况是考虑不到的，因为波尾放电时，两者是不相交的。相交法应用中最大的困难是在大部分情况下很难得到绝缘子串较为准确的伏秒特性曲线。

3）先导法

先导法结合长空气间隙放电的物理过程来判断绝缘子是否闪络。该方法认为：当电场强度达到临界值时，绝缘子两端承受的冲击电压维持一定的时间以后，先导开始发展，发展速度随施加的电压和间隙剩余长度的变化而变化，当先导长度达到间隙长度时，间隙击穿，绝缘子发生闪络。

绝缘子串的准确模拟无论是对反击还是绕击侵入波的计算都至关重要。本节计算仍以规程法为基础，将绝缘子串的冲击放电电压作为绝缘子串的闪络判据，将其模拟成一个电压控制开关，当两端的电压达到其放电电压时，该开关即导通，意味着绝缘子串放电。采用该法的原因主要是：一方面放电电压法作为我国防雷计算中常用的绝缘闪络判据，其具有一定的实际运行依据；另一方面，由于受到试验条件的限制，目前很难得到绝缘子串较为精确的伏秒特性曲线，同时作用在绝缘子串两端的过电压分量并不一定为标准波。先导法虽然理论上比较符合放电的物理过程，能判断任意波形下绝缘间隙的闪络，但由于对长空气间隙放电的试验过程，不同的研究者提出了不同的数据，且与先导法有关的参数分散性较大，目前的试验数据较少，有关参数难以准确地确定。基于上述原因，先导法在实际应用中很难发挥出相应的优势。

6．输电线路模型

PSCAD/EMTDC 中输电线路仿真模型主要有三种：贝杰龙模型（Bergeron Model）、频率相关模态域模型［Frequency Dependent（Mode）Model］和频率相关相域模型［Frequency Dependent（Phase）Model］。其中，贝杰龙模型以分布式的电感和电容参数来代替 π 模型中的线路对应参数，该模型可精确模拟基频运行方式下的线路行波特性，而高频工况下计算精度相对较差。频率相关模态域模型是一种分布式的线路模型，该模型可用于精确模拟理想换位导线系统或模拟单根导线系统，对于非换位导线或者同一输电系统内的多个杆塔模型的模拟，其计算结果误差较大。频率相关相域模型包含了所有参数（RLC）的频率相关性，是目前可用输电线路模型中精度最高的模型，可比较准确地模拟计算输电线路电磁暂态特性。由于雷电流为高频波形，雷电波侵入输电线路时，线路阻抗将发生根本性变化，因此本书采用频率相关相域模型来精确计算雷电波侵入输电线路时的电磁暂态特性。

3.4.4 雷电过电压计算结果与分析

1．雷电绕击计算分析

在 35 kV 电压等级的侵入波过电压分析中，往往认为进线段有避雷线保护，发生绕击闪络的概率很小，即使闪络了，产生的过电压值也不高，因此忽略了对绕击过电压的分析和研究。但是对于高压输电系统来说，由于电压等级和线路绝缘的影响，较高幅值的雷电侵入波过电压同样需要考虑进线段近区绕击，即雷电绕过避雷线直击导线。因此，需要对雷电绕击进行计算分析。

我国《规范》在计算最大绕击电流时不考虑导线上的工作电压，且认为雷电通道的波阻抗恰好为线路波阻抗的一半。

由于雷电通道波阻抗值随雷电流幅值的变化而变化，因此规程法的计算并不准确，且不再适用于高杆塔的防雷计算。目前应用最广泛的是电气几何模型，其计算方法是以雷击机理的现代知识作为基础。电气几何模型的基本原理建立在以下概念和假设基础上：

（1）由雷云向地面发展的先导放电通道头部到达被击物体的临界击穿距离（击距）

以前，击中点是不确定的，先到达哪个物体的击距内，即向哪个物体放电。

（2）击距 r_s 的大小与先导头部的电位有关，因而与先导通道的电荷密度有关，它又决定了随后出现的雷电流幅值，可以认为击距 r_s 是雷电流 I 的函数。

（3）不考虑雷击的物体形状和临近效应等其他因素对击距的影响，假定先导对杆塔、避雷线、导线的击距是相等的。

求出先导的击距 r_s 后，即可用几何分析法求出先导对导线的绕击情况。如图 3-22 所示，分别以地线 S 和导线 C 为圆心、以击距 r_s 为半径做两个圆弧，这两个圆弧相交于 B。再在距离地面高度 r_g 处做一水平线，其与以 C 为圆心的弧相交于 D 点。由圆弧 AB、BD 和直线 DE 在沿线路方向形成一个曲面，此曲面叫定位曲面。在雷电流为 I 的先导未到定位曲面前，其发展不受地面物体的影响。若 I 的先导落在 AB 上，则雷电击中地线，若落在 BD 弧面上，则雷击于导线上，即发生绕击；若落在 DE 面上，则雷击大地，因此 BD 称为绕击暴露面。由于不同的雷电流幅值有不同的击距 r_s，所以可做出一系列的定位曲面和绕击暴露面。可以证明，B 点的轨迹为导线与避雷线连线的垂直平分线，而 D 点的轨迹为抛物线。中垂线与抛物线所包围的区域为绕击区。随着 I 的增大，BD 弧段逐渐减小，当雷电流增大到 I_{sm} 时，BD 弧段缩减为零，即此时已不可能发生绕击。可见，如果雷电流大于 I_{sm}，则不会发生绕击导线的情况；而当雷电流减小时，绕击的可能性增大。I_{sm} 称为最大绕击电流。将计算得到的最大绕击电流幅值作为计算绕击侵入波过电压的雷电流幅值，相应的击距称为最大击距 r_{sm}。

根据进线段的导线参数和杆塔结构尺寸，求得保护角为 9.64°。为保证可靠性，仿真由绕击引起的雷电侵入波过电压时，取雷电流最严重者 $I = 5.69$ kA 进行计算。进行 PSCAD 仿真时，仿真步长取 0.1 μs。由于仿真系统启动过程时长为 0.166 4 s，因此在 0.166 5 s 对线路施加雷电流，仿真总时长为 0.166 7 s。

1）夏季最大运行方式

未配置避雷器时，雷电绕击侵入波的计算仍采用前述模型和数据，雷击点取杆塔处 A 相导线。如图 3-23 所示是夏季最大运行方式下雷击 1#塔 A 相导线时联络变压器上的过电压波形。

计算发现，当雷击点由 1# 塔至 5# 塔时，在交流场各设备上产生的过电压总体呈减小趋势。表 3-12 给出了雷电绕击 1#～5# 杆塔的 A 相导线时交流场各设备的过电压最大值计算结果。

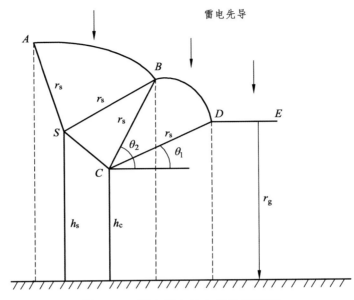

图 3-22　雷电绕击的电气几何模型

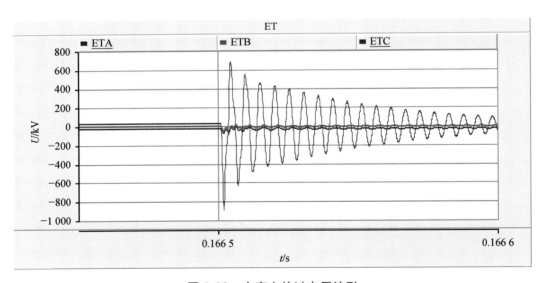

图 3-23　主变上的过电压波形

表 3-12　交流场各设备的过电压最大值

雷击点	电压互感器/kV	1# 隔离开关/kV	断路器/kV	2# 隔离开关/kV	联络变压器/kV
1#	549.56	578.48	617.84	652.44	891.18
2#	566.49	496.63	492.27	458.39	649.16
3#	501.52	421.25	430.87	432.35	627.96
4#	463.27	394.64	361.51	313.80	543.61
5#	423.74	387.42	385.20	312.48	517.43

从表 3-12 中可以看出，线路和联络变压器如果不装设避雷器，交流场各种设备的过电压值远大于设备的绝缘水平，将对设备绝缘和系统运行造成十分严重的影响。其中，联络变压器过电压最大值达到 891.18 kV，电压互感器过电压最大值为 566.49 kV，断路器两端隔离开关过电压最大值分别为 578.45 kV 和 652.44 kV，断路器过电压最大值为 617.84 kV。

对比雷击进站段线路不同杆塔上导线的侵入波过电压情况可以看出，近区落雷（主要是雷击 1#、2#和 3#杆塔）的情况下，设备的过电压明显高于远方落雷（雷击 4#和 5#）杆塔，电压互感器上过电压最大值由 566.49 kV 降至 423.74 kV，且联络变压器上过电压最大值由 891.18 kV 降至 517.43 kV。这是因为雷电波在较长距离传输过程中的衰减和波头变缓，在站内设备上形成的侵入波过电压较低。因此，在避雷器的配置中，重点考虑降低近区落雷对站内设备产生的过电压。

2）夏季最小运行方式

计算发现，当雷击点由 1# 塔至 5# 塔时，在交流场各设备上产生的过电压总体呈减小趋势。表 3-13 给出了雷电绕击 1#～5# 杆塔的 A 相导线时交流场各设备的过电压最大值计算结果。

表 3-13　交流场各设备的过电压最大值

雷击点	电压互感器/kV	1# 隔离开关/kV	断路器/kV	2# 隔离开关/kV	联络变压器/kV
1#	513.12	568.27	589.25	587.39	808.55
2#	567.06	497.43	493.08	459.15	651.32
3#	474.83	408.17	387.79	324.83	544.29
4#	464.22	395.57	364.08	316.52	545.64
5#	424.75	388.47	386.23	313.19	519.57

3）冬季最大运行方式

计算发现，当雷击点由 1# 塔至 5# 塔时，在交流场各设备上产生的过电压总体呈减小趋势。表 3-14 给出了雷电绕击 1# ～ 5# 杆塔的 A 相导线时交流场各设备的过电压最大值计算结果。

表 3-14　交流场各设备过电压最大值

雷击点	电压互感器/kV	1# 隔离开关/kV	断路器/kV	2# 隔离开关/kV	联络变压器/kV
1#	511.44	568.25	588.92	587.07	807.09
2#	566.71	496.94	492.58	458.68	649.99
3#	501.80	421.50	431.22	432.69	628.85
4#	463.63	395.00	362.50	314.85	544.39
5#	424.13	387.82	385.59	312.75	518.26

4）冬季最小运行方式

计算发现，当雷击点由 1# 塔至 5# 塔时，在交流场各设备上产生的过电压总体呈减小趋势。表 3-15 给出了雷电绕击 1# ～ 5# 杆塔的 A 相导线时交流场各设备的过电压最大值计算结果。

表 3-15　交流场各设备过电压最大值

雷击点	电压互感器/kV	1# 隔离开关/kV	断路器压/kV	2# 隔离开关/kV	联络变压器/kV
1#	511.31	568.25	588.92	587.04	806.98
2#	566.68	496.90	492.54	458.64	648.88
3#	501.77	421.47	431.17	432.64	628.74
4#	463.59	394.95	362.37	314.71	544.29
5#	424.08	387.77	385.54	312.71	518.15

2．雷电反击计算分析

对于 35 kV 高压输电线路，工频电压已占绝缘放电电压的 5%，对过电压计算有一定影响。同时，雷电本身是一个概率事件，雷击时刻工频电压幅值是随机的。因此，本书在仿真计算时，加入了工频电压的电源模块，并将考虑不同运行方式下不同工频电压对雷电过电压计算的影响。

在 PSCAD/EMTDC 仿真模型中加入三相电压源，用来模拟工频电压的影响，通过三线电路与进线段的线路终端相连。执行 PSCAD 仿真模型，可根据不同运行方式下的电路图，仿真计算得到雷击不同杆塔时交流场主要电气设备的过电压波形和过电压最大值。

进行 PSCAD 仿真时，仿真步长取 0.1 μs。由于仿真系统启动过程时长为 0.166 4 s，因此在 0.166 5 s 对杆塔施加雷电流，仿真总时长为 0.166 7 s。

1）夏季最大运行方式

计算发现，如果没有任何保护措施，换流站联络变压器的过电压可达 836.75 kV，远超变压器的正常工作电压，因此必须对站内设备，尤其是联络变压器进行有效的防雷保护措施。如图 3-24 所示是本换流站未进行任何保护措施时，雷击 1#塔顶部时主变上产生的雷电过电压波形图。

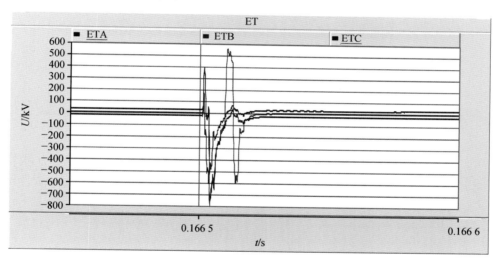

图 3-24　变压器的过电压波形

换流站以单线单变方式运行，未配置避雷器时，雷击造成反击（这里以 A 相为例），得到的部分波形如图 3-25、图 3-26 所示。图 3-25 是雷击 1#塔顶部侵入波到达交流场处的过电压波形，图 3-26 是雷击 5# 塔顶部时经过进线段衰减后到达交流场处的过电压波形。从计算结果可以看出，侵入波过电压幅值最大可达 717.55 kV，而衰减后的过电压幅值降低到 597.14 kV。这是由于在输电线路传播过程中因导线电阻、大地、电晕等因素，所产生的损耗而引起波的衰减和畸变，使得侵入波幅值和陡度均有所降低。

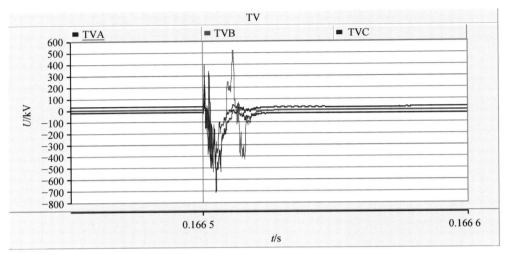

图 3-25　雷击 1# 塔顶部侵入波到达交流场过电压

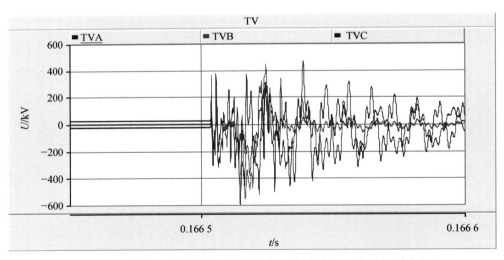

图 3-26　雷击 5# 塔顶部侵入波经进线段衰减到达交流场过电压

由于绝缘子串采用电压控制开关进行模拟。在电压达到 50%U 值时，开关闭合。事实上，由于大气压力、温度、湿度等大气条件因素的影响，绝缘子串两端电压并不是一个固定值。因此，在这里用一个固定不变的电压值模拟其闪络过程较为粗糙。

图 3-27 ~ 图 3-30 分别是雷击 1# 塔顶部时 1# 隔离开关 DS1、断路器 CB、2# 隔离开关 DS2 和联络变压器 ET 上的过电压波形图。其最大过电压最大值和出现时刻如表 3-16 所示。

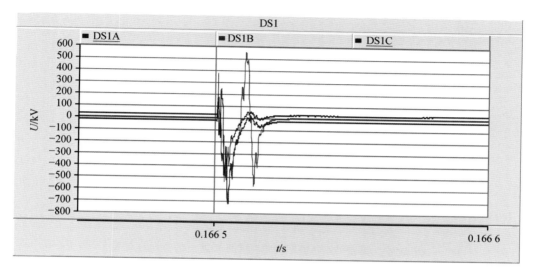

图 3-27　雷击 1# 塔顶部时 1# 隔离开关上的过电压波形

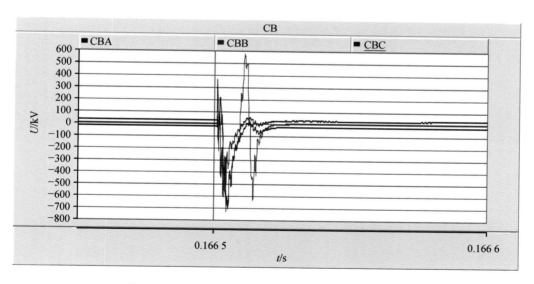

图 3-28　雷击 1# 塔顶部时断路器上的过电压波形

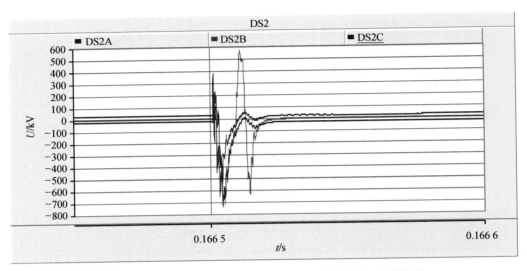

图 3-29　雷击 1# 塔顶部时 2# 隔离开关上的过电压波形

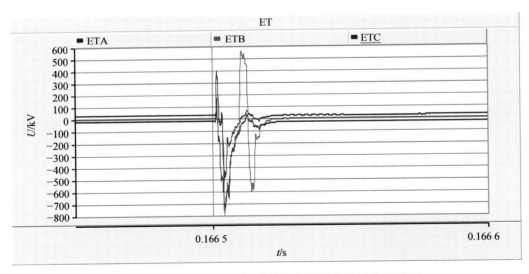

图 3-30　雷击 1# 塔顶部时联络变压器上的过电压波形

表 3-16　各设备上的过电压最大值及出现时刻

设备名称	电压互感器	1# 隔离开关	断路器	2# 隔离开关	联络变压器
出现时刻 $t/\mu s$	3.7	4.1	3.3	3.2	3.6
过电压幅值 U/kV	532.49	519.23	604.30	651.35	616.11

由表 3-16 可知，未配置避雷器时，在单线单变情况下，交流场各设备的过电压幅值均远超于设备绝缘水平，需要对交流场设备进行避雷器保护配置。

雷电杆塔位置的不同会导致站内电气特性的改变，使得不同的雷击点对侵入波过电压水平有一定程度的影响。本书对换流站的夏季最大运行方式进行了大量的仿真计算，其他条件相同时，雷击不同杆塔时站内主要电气设备上的最大过电压幅值如表 3-17 所示。

表 3-17　交流场各设备过电压最大值

雷击点	电压互感器/kV	1# 隔离开关/kV	断路器/kV	2# 隔离开关/kV	联络变压器/kV
1#	532.49	519.23	604.30	651.35	616.11
2#	563.99	690.43	635.73	475.80	700.78
3#	389.30	462.08	456.29	407.87	502.72
4#	496.60	409.24	400.21	441.76	506.69
5#	467.16	418.88	425.26	417.16	455.66

从表 3-17 中可以看出，线路和联络变压器如果不装设避雷器，交流场各种设备的过电压值远大于设备的绝缘水平，将对设备绝缘和系统运行造成十分严重的影响。其中，联络变压器过电压最大值达到 700.78 kV，电压互感器过电压最大值为 563.99 kV，断路器两侧的隔离开关过电压最大值分别为 690.43 kV 和 651.35 kV，断路器过电压最大值为 635.73 kV。

对比雷击进站段线路不同杆塔上导线的侵入波过电压情况可以看出，近区落雷（主要是雷击 1#、2# 和 3# 杆塔）的情况下，设备的过电压高于远方落雷（雷击 4# 和 5#）杆塔，联络变压器上过电压最大值由 700.78 kV 降至 455.66 kV。这是因为雷电波在较长距离传输过程中的衰减和波头变缓，在站内设备上形成的侵入波过电压较低。

同时还发现，大多数情况下雷击 2# 杆塔时的某些站内设备上过电压幅值高于雷击 1#杆塔时的过电压幅值。这是因为，1# 杆塔和门形构架距离较近，雷击 1# 杆塔时，经地线由门形构架返回的负反射波很快返回杆塔，降低了塔顶电位，使侵入波过电压减小。而 2# 杆塔受负反射波影响小，过电压较高。

2）夏季最小运行方式

计算发现，换流站内如果没有任何保护措施，主变上的过电压可达 1 408.12 kV，远超变压器的正常工作电压。其最大过电压幅值和出现时刻如表 3-18 所示。

表 3-18　各设备上的过电压最大值及出现时刻

设备名称	电压互感器	1# 隔离开关	断路器	2# 隔离开关	联络变压器
出现时刻 t/μs	3.7	4.1	3.3	3.2	3.6
过电压幅值 U/kV	531.87	518.56	601.71	649.36	613.61

夏季最小运行方式时，雷击不同杆塔时站内主要电气设备上的最大过电压幅值如表 3-19 所示。

表 3-19　交流场各设备过电压最大值

雷击点	电压互感器/kV	1# 隔离开关/kV	断路器/kV	2# 隔离开关/kV	联络变压器/kV
1#	531.87	518.56	601.71	649.36	613.61
2#	556.44	777.04	742.01	709.27	929.79
3#	379.80	446.22	437.39	413.98	538.51
4#	496.42	409.52	399.65	441.54	506.50
5#	465.77	417.05	413.63	403.57	434.01

3）冬季最大运行方式

计算发现，换流站内如果没有任何保护措施，主变上的过电压可达 837.19 kV，远超变压器的正常工作电压。过电压幅值和出现时刻如表 3-20 所示。

表 3-20　各设备上的过电压最大值及出现时刻

设备名称	电压互感器	1# 隔离开关	断路器	2# 隔离开关	联络变压器
出现时刻 t/μs	3.7	4.1	3.3	3.2	3.6
过电压幅值 U/kV	532.28	519.00	603.42	650.68	615.26

雷击不同杆塔时站内主要电气设备上的最大过电压幅值如表 3-21 所示。

表 3-21 交流场各设备过电压最大值

雷击点	电压互感器/kV	1# 隔离开关/kV	断路器/kV	2# 隔离开关/kV	联络变压器/kV
1#	532.28	519.00	603.42	650.68	615.26
2#	563.95	684.08	629.73	473.89	721.30
3#	388.67	461.58	455.65	407.18	501.78
4#	496.53	409.33	400.01	441.67	506.61
5#	466.69	418.26	424.55	416.41	454.90

4）冬季最小运行方式

计算发现，换流站内如果没有任何保护措施，主变上的过电压可达 836.94 kV，远超变压器的正常工作电压，最大过电压幅值和出现的时刻如表 3-22 所示。

表 3-22 各设备上的过电压最大值及出现时间

设备名称	电压互感器	1# 隔离开关	断路器	2# 隔离开关	联络变压器
出现时刻 $t/\mu s$	3.7	4.1	3.3	3.2	3.6
过电压幅值 U/kV	532.31	519.03	603.53	650.77	615.37

冬季最小方式下，雷击不同杆塔时站内主要电气设备上的最大过电压幅值如表 3-23 所示。

表 3-23 交流场各设备过电压最大值

雷击点	电压互感器/kV	1# 隔离开关/kV	断路器/kV	2# 隔离开关/kV	联络变压器/kV
1#	532.31	519.03	603.53	650.77	615.37
2#	563.94	690.66	636.01	476.09	725.38
3#	388.79	461.67	455.77	407.32	501.96
4#	496.50	409.29	400.02	441.65	506.54
5#	466.76	418.35	424.66	416.51	455.08

3.5 逆变站设备的绝缘配合

3.5.1 绝缘配合基本要求

绝缘配合的最终目的是确定电气设备的绝缘水平。所谓电气设备的绝缘水平，是用设备绝缘可以承受不发生闪络、放电或其他损坏的试验电压值表示，有：

（1）短时工频耐受电压值。

（2）雷电冲击耐受电压值。

（3）操作冲击耐受电压值。

（4）长时间工频试验电压值。

在研究过程中，采用惯用法确定变电站内各设备的绝缘水平。惯用法是按作用在绝缘上的"最大过电压"和"最小绝缘强度"概念进行配合的，首先确定设备上可能出现的最危险的过电压，再根据运行经验乘以一个考虑各种因素的影响和一定裕度的系数，即所谓配合系数或安全裕度系数，以补偿在估计最大过电压和最低耐压强度时可能存在的误差，以此决定绝缘应耐受的电压水平。

确定电气设备绝缘水平的基础是避雷器的保护水平，以设备的绝缘水平与避雷器的保护水平进行配合。避雷器的保护水平包括雷电冲击保护水平和操作冲击保护水平。由于在变电站的诸多电气设备中，电力变压器最为重要。因此，通常以确定电力变压器的绝缘水平为中心环节，再确定其他设备的绝缘水平。

3.5.2 避雷器配置方案

1. 避雷器配置的基本原则

换流站内设备的主要保护装置为氧化锌避雷器。氧化锌避雷器配置的原则如下：

（1）交流侧产生的过电压用交流侧的避雷器限制。

（2）直流侧产生的过电压由直流侧的避雷器限制。

（3）需重点保护的设备由紧靠其避雷器直接保护。

2. 避雷器配置方案

由计算结果可以看出，对于交流侧，无论是反击还是绕击，该换流站由于处于单线单变运行情况，设备承受的过电压很高；对于直流侧，交流断路器动作时，换流阀两侧的过电压幅值均超过 100 kV。其中，单相接地故障时分闸最高过电压值达到 127.31 kV，超过直流设备正常运行电压水平，必须对直流设备进行保护配置。

结合过电压计算结果及系统主接线方案，推荐的避雷器配置方案如下：

（1）在联络变压器出口和线路出线处同时装设交流避雷器 A，避雷器型号为 HY5WZ-54/134。

（2）在换流阀和直流隔离开关之间装设直流避雷器 DL，避雷器型号为 LYH10WG-48/145。

需要说明的是，由于直流线路为直埋的绝缘电缆，因此不需要考虑直流侧的雷电过电压影响。

避雷器配置方案如图 3-31 所示。

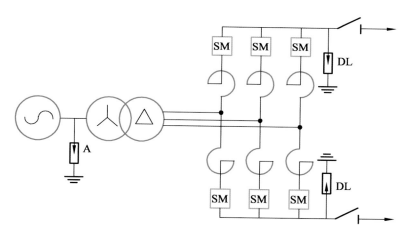

图 3-31　避雷器配置方案

3.5.3　加装避雷器后交流侧过电压计算

1．夏季最大运行方式

在夏季最大运行方式的情况下，在联络变压器出口和线路出线处同时装设一组避雷器时，对交流侧进线端 5#基杆塔分别进行绕击和反击的仿真试验。其结果如表 3-24 和表 3-25 所示。

表 3-24　夏季最大运行方式交流场设备绕击过电压

雷击点	电压互感器/kV	1# 隔离开关/kV	断路器/kV	2# 隔离开关/kV	联络变压器/kV
1#	55.22	62.45	64.36	59.03	93.46
2#	53.52	78.09	73.61	63.80	91.49
3#	53.25	85.11	89.77	76.73	89.92
4#	53.12	107.54	102.75	84.96	90.14
5#	53.08	77.16	78.63	54.99	91.18

可以看出，配置避雷器后，雷电波沿线侵入变电站时在主变上产生的过电压远低于未配置避雷器时的过电压，这是因为雷电波在传播时经避雷器后大量衰减。其中，联络变压器过电压最大值 891.18 kV 降至 93.46 kV，电压互感器过电压最大值由 566.49 kV 降至 53.52 kV，1# 隔离开关过电压最大值由 578.45 kV 降至 107.54 kV，2# 隔离开关过电压最大值由 652.44 kV 降至 84.96 kV，断路器过电压最大值由 617.84 kV 降至 102.75 kV。

表 3-25　夏季最大运行方式交流场设备反击过电压

雷击点	电压互感器/kV	1# 隔离开关/kV	断路器/kV	2# 隔离开关/kV	联络变压器/kV
1#	62.07	74.05	73.55	65.10	78.24
2#	59.51	89.40	89.28	77.95	82.51
3#	62.01	132.02	130.39	94.33	96.25
4#	54.61	154.52	133.92	104.61	136.52
5#	55.76	105.72	125.66	88.80	88.39

由表 3-25 计算结果可以看出，配置避雷器后，雷电波沿线侵入变电站时在主变上产生的过电压远远低于未配置避雷器时的过电压，这是因为雷电波在传播时经避雷器后大量衰减。其中，联络变压器过电压最大值由 700.78 kV 降至 136.52 kV，电压互感器过电压最大值由 563.99 kV 降至 62.07 kV，1# 隔离开关过电压最大值由 690.43 kV 降至 154.52 kV，2# 隔离开关过电压最大值由 651.35 kV 降至 104.61 kV，断路器过电压最大值由 635.73 kV 降至 133.92 kV。

2．夏季最小运行方式

在夏季最小运行方式的情况下，在联络变压器出口和线路出线处同时装设一组避雷器时，对交流侧进线端 5#基杆塔分别进行绕击和反击的仿真试验。其结果如表 3-26 和表 3-27 所示。

表 3-26　夏季最小运行方式交流场设备绕击过电压

雷击点	电压互感器/kV	1# 隔离开关/kV	断路器/kV	2# 隔离开关/kV	联络变压器/kV
1#	55.15	78.81	84.14	72.31	46.02
2#	53.58	86.51	89.89	68.98	52.55
3#	53.38	93.34	78.33	67.08	46.76
4#	53.24	96.79	86.19	67.28	43.45
5#	53.16	98.81	84.77	50.91	44.42

表 3-27　夏季最小运行方式交流场设备反击过电压

雷击点	电压互感器/kV	1# 隔离开关/kV	断路器/kV	2# 隔离开关/kV	联络变压器/kV
1#	62.06	74.35	75.16	66.57	76.80
2#	59.07	97.01	93.82	85.40	84.33
3#	61.92	127.30	132.96	102.67	100.10
4#	54.58	152.13	135.00	106.11	118.24
5#	55.83	108.26	129.47	91.19	86.81

雷电波在传播时经避雷器后大量衰减，联络变压器过电压最大值由 808.55 kV 降至 52.55 kV，电压互感器过电压最大值由 567.06 kV 降至 55.1 5kV，1#隔离开关过电压最大值由 568.27 kV 降至 98.81 kV，2#隔离开关过电压最大值由 587.39 kV 降至 72.31 kV，断路器过电压最大值由 589.25 kV 降至 89.89 kV。

雷电波在传播时经避雷器后衰减，联络变压器过电压最大值由 929.79 kV 降至 118.24 kV，电压互感器过电压最大值由 556.44 kV 降至 62.06 kV，1#隔离开关过电压最大值由 777.04 kV 降至 152.13 kV，2#隔离开关过电压最大值由 709.27 kV 降至 106.11 kV，断路器过电压最大值由 742.01 kV 降至 135.00 kV。

3．冬季最大运行方式

在冬季最大运行方式的情况下，在联络变压器出口和线路出线处同时装设一组避雷器时，对交流侧进线端 5#基杆塔分别进行绕击和反击的仿真试验。其结果如表 3-28 和表 3-29 所示。

表 3-28　冬季最大运行方式交流场设备绕击过电压

雷击点	电压互感器/kV	1# 隔离开关/kV	断路器/kV	2# 隔离开关/kV	联络变压器/kV
1#	55.22	62.13	64.00	58.98	92.85
2#	53.53	77.79	73.40	63.65	90.98
3#	53.25	84.49	90.22	77.00	89.30
4#	53.13	107.63	103.11	83.43	89.52
5#	53.08	77.12	78.35	54.98	90.54

表 3-29　冬季最大运行方式交流场设备反击过电压

雷击点	电压互感器/kV	1# 隔离开关/kV	断路器/kV	2# 隔离开关/kV	联络变压器/kV
1#	62.07	74.14	74.05	65.64	77.76
2#	59.48	89.90	89.88	81.15	85.67
3#	62.06	131.80	130.02	96.35	94.23
4#	54.60	153.82	133.95	107.44	135.27
5#	55.75	105.67	125.74	88.88	87.61

装设避雷器后，联络变压器过电压最大值由 807.09 kV 降至 92.85 kV，电压互感器过电压最大值由 566.71 kV 降至 55.22 kV，1# 隔离开关过电压最大值由 568.25 kV 降至 107.63 kV，2# 隔离开关过电压最大值由 587.07 kV 降至 83.43 kV，断路器过电压最大值由 588.92 kV 降至 103.11 kV。

配置避雷器后，联络变压器过电压最大值由 721.30 kV 降至 135.27 kV，电压互感器过电压最大值由 563.95 kV 降至 62.07 kV，1# 隔离开关过电压最大值由 684.08 kV

降至 153.82 kV，2# 隔离开关过电压最大值由 650.68 kV 降至 107.44 kV，断路器过电压最大值由 629.73 kV 降至 133.95 kV。

4．冬季最小运行方式

在冬季最小运行方式的情况下，在联络变压器出口和线路出线处同时装设一组避雷器时，对交流侧进线端 5# 基杆塔分别进行绕击和反击的仿真试验。其结果如表 3-30 和表 3-31 所示。

表 3-30   冬季最小运行方式交流场设备绕击过电压

雷击点	电压互感器/kV	1# 隔离开关/kV	断路器/kV	2# 隔离开关/kV	联络变压器/kV
1#	55.22	62.17	64.04	58.99	92.93
2#	53.53	77.83	73.43	63.67	91.05
3#	53.25	84.90	90.07	76.93	89.38
4#	53.13	107.62	103.07	83.42	89.60
5#	53.08	77.12	78.38	54.98	90.62

表 3-31   冬季最小运行方式交流场设备反击过电压

雷击点	电压互感器/kV	1# 隔离开关/kV	断路器/kV	2# 隔离开关/kV	联络变压器/kV
1#	62.08	74.13	73.96	65.54	77.81
2#	59.50	89.55	90.05	78.45	81.98
3#	62.06	131.84	130.00	96.33	94.22
4#	54.60	154.10	133.74	105.02	136.32
5#	55.75	105.70	125.74	88.87	87.72

配置避雷器后，联络变压器过电压最大值由 806.98 kV 降至 92.93 kV，电压互感器过电压最大值由 566.68 kV 降至 55.22 kV，1# 隔离开关过电压最大值由 568.25 kV 降至 107.62 kV，2# 隔离开关过电压最大值由 587.04 kV 降至 83.42 kV，断路器过电压最大值由 588.92 kV 降至 103.07 kV。

配置避雷器后，联络变压器过电压最大值由 725.38 kV 降至 136.32 kV，电压互感器过电压最大值由 563.94 kV 降至 62.08 kV，1# 隔离开关过电压最大值由 690.66 kV 降至 154.10 kV，2# 隔离开关过电压最大值由 650.77 kV 降至 105.02 kV，断路器过电压最大值由 636.01 kV 降至 133.74 kV。

经过大量的仿真计算表明，在变压器出口处和线路出线处加装避雷器可使站内设备取得理想的保护。配置避雷器后，站内主要设备上的过电压水平均能满足要求，且留有一定的保护裕度。

3.5.4 加装避雷器后直流侧过电压计算

系统配置直流避雷器时（避雷器型号为 LYH10WG-48/145），在系统稳定运行后（本次仿真选取 3 s 时刻），对交流线路首端出现单相接地故障、两相接地故障、雷电绕击后，以及故障后交流系统断路器动作后换流阀两侧的电压幅值进行测量，仿真结果如表 3-32 所示。

表 3-32 交流断路器动作换流阀两侧电压幅值

故障类型	断路器动作	换流阀两侧电压幅值/kV
单相接地故障	无	69.58
	分闸	83.57
两相接地故障	无	68.19
	分闸	84.66
雷电绕击	无	57.57

分析表 3-32，当交流线路发生两相接地故障，且三相断路器动作时，换流阀两侧电压最大，达到 84.66 kV。

与常规柔性直流输电工程不同的是，光伏直流升压系统电压等级较低，过电压水平不高，并非所有关键位置的过电压都会对系统造成威胁，可以对避雷器做适当的增减。同时，直流配电电缆接多个分布式负荷或电源，存在多个直流极线出口，在每一个出口处均需要布置直流侧避雷器 DL 以保护出线端的设备。所以在直流线路上需要布置多台直流避雷器，这是本工程绝缘配合的重要特征之一。

3.6　电气设备外绝缘参数的海拔修正

通常情况下，随着海拔的升高，电力系统设备的外绝缘耐受电压将会下降。对于海拔在 1 000 m 以上的电力设备，还需要使用相应的海拔修正因数进行修正，从而满足电力设备的外绝缘运行条件。

海拔修正因数的选取有以下几种方法：

（1）《绝缘配合第 1 部分定义、原则和规则》（GB 311.1—2012）规定的方法。

（2）《特殊环境条件　高原用高压电器的技术要求》（GB/T 20635—2006）规定的方法。

（3）《交流电气装置的过电压保护和绝缘配合设计规范》（GB/T 50064—2014）规定的方法。

（4）《绝缘配合》（IEC 60071）规定的方法。

3.6.1　《绝缘配合第 1 部分定义、原则和规则》（GB 311.1—2012）规定的方法

国家技术监督局 2012 年批准的 GB 311.1 中认为，随着海拔高度的增加，电力设备外绝缘电气强度呈指数下降，海拔修正因数 K_a 可以表示为

$$K_a = e^{q\frac{H}{8\,150}} \tag{3-27}$$

式中：H 为设备安装地点的海拔高度，m；q 为系数，对于雷电冲击耐受电压，$q = 1.0$；对于空气间隙和清洁绝缘子的短时工频耐受电压，$q = 1.0$；对于操作冲击耐受电压，q 按 GB3311.1—2012 附录给定曲线选取。

GB 311.1—2012 规定，式（3-27）适用于海拔高度低于 1 000 m 的地区。该修正方法将高海拔地区的各种大气参数对外绝缘的影响归结为海拔高度对耐受电压的影响，从而进行修正。这种修正方法比较粗略，但具有简便、直观且实用的优点。

3.6.2　《特殊环境条件　高原用高压电器的技术要求》（GB/T 20635—2006）规定的方法

在一定气象条件下，高海拔地区电力设备外绝缘耐受水平的降低与海拔高度 H 呈指数关系。GB/T 20635—2006 规定，高压设备外绝缘海拔修正因数 K_a 的表达式为

$$K_a = e^{m\frac{H-1\,000}{8\,150}} \tag{3-28}$$

GB/T 20635—2006 具有较广的应用范围：一方面，该标准明确提出直流耐受电压海拔修正因数可根据式（3.28）计算，这是许多其他标准未明确指出的内容；另一方面，该标准根据不同的绝缘试验类型设定了修正因数，相应的修改均通过改变指数 m 的取值实现。该标准给出的海拔修正因数计算公式可应用于海拔 5 000 m 以下的地区。

该标准规定，对于雷电冲击、工频和操作冲击干试验电压，$m = 1$；对于直流电压，$m = 0.9$；对于工频和操作冲击湿试验电压，$m = 0.8$；对于无线电干扰试验电压，$m = 0.75$。

3.6.3 《交流电气装置的过电压保护和绝缘配合设计规范》（GB/T 50064—2014）规定的方法

GB/T 50064—2014 中修正因数的计算公式与 GB/T 20635—2006 类似，同样采用指数形式。不同的是，GB/T 20635—2006 中以海拔高度为 1 000 m 的设备外绝缘放电电压试验数据作为基准，只对海拔水平高于 1 000 m 的电力设备进行修正，对 1 000 m 以下电力设备采用统一标准；而 GB/T 50064—2014 采用海拔高度为 0 m 的设备外绝缘放电电压试验数据作为基准，海拔修正因数计算公式为

$$K_a = e^{m\frac{H}{8\,150}} \tag{3-29}$$

式（3-29）只适用于海拔高度在 2 000 m 以下地区的电力设备外绝缘放电电压的海拔修正。其中，指数 m 的取值应当满足下面的要求：对于雷电冲击电压，空气间隙和清洁的绝缘子的短时工频电压，$m = 1$；对于操作冲击电压，m 应按标准选定。

3.6.4 《绝缘配合》（IEC 60071）规定的方法

IEC 60071 采用的修正因数计算公式与 GB/T 50064—2014 相同，采用式（3-29）进行计算。但同时，IEC 60071 标准考虑到，现有标准设备的额定耐受电压已经考虑了高达 1 000 m 的必要修正，因此对 1 000 m 以上的设备采用下式进行修正：

$$K_{a1000} = e^{m\frac{H-1\,000}{8\,150}} \tag{3-30}$$

对于长时间的工频电压，指数 m 应当按照下面的要求进行取值：

（1）对于架空线路，$m = 0.5$。

（2）对于站用绝缘子、套管和外壳，$m = 0.8$。

（3）对于短时工频电压，$m = 1$。

（4）对于雷电过电压，$m = 1$。

（5）对于操作冲击电压，m 应按照图 3-32 选定。

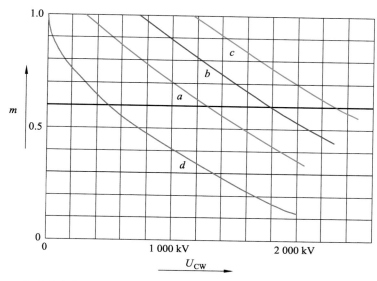

a—相对地绝缘；b—纵绝缘；c—相间绝缘；d—棒-板间隙（标准间隙）。

图 3-32　各种作用电压下的 m 值

3.6.5　电气设备额定耐受电压

不同规程对电气设备额定耐受电压有不同要求，匹配相应的海拔修正方法，对 GB/T 50064—2014 及 IEC 60071 中规定的电气设备额定耐受电压进行简单阐述。GB/T 50064—2014 及 IEC 60071 规定的 35 kV 电气设备额定耐受电压如表 3-33 所示。

表 3-33　35 kV 电气设备额定耐受电压

参考标准	额定雷电冲击耐受电压/kV				额定短时工频耐受电压/kV			
	变压器	开关	断路器	隔离开关	变压器	开关	断路器	隔离开关
GB/T 50064—2014	185/200	185	185	215	80/85	95	95	118
IEC 60071	185	185	185	185	80	80	80	80
	190	190	190	190	80	80	80	80
	200	200	200	200	85	85	85	85

3.6.6 电气设备外绝缘水平计算

本工程电气设备海拔高度为 1 800 m，采用 GB/T 50064—2014 及 IEC 60071 两种标准进行修正。电气设备额定耐受电压选取如表 3-34 所示。

表 3-34 电气设备额定耐受电压

参考标准	额定雷电冲击耐受电压/kV				额定短时工频耐受电压/kV			
	变压器	开关	断路器	隔离开关	变压器	开关	断路器	隔离开关
GB/T 50064—2014	185	185	185	215	80	95	95	118
IEC 60071	185	185	185	185	80	80	80	80

根据海拔高度 $H = 1\ 800$ m，求解对应的 K_a，进而得到电气设备外绝缘水平，如表 3-35 所示。

表 3-35 电气设备外绝缘水平

参考标准	额定雷电冲击耐受电压/kV				额定短时工频耐受电压/kV			
	变压器	开关	断路器	隔离开关	变压器	开关	断路器	隔离开关
GB/T 50064—2014	204	204	204	237	88	105	105	130
IEC 60071	204	204	204	204	88	88	88	88

3.7 过电压与绝缘配合分析总结

利用 PSCAD 电磁暂态仿真软件，对交直流系统可能发生的各类故障及产生的过电压进行仿真分析。研究主要得到以下结论：

1．工频、操作、直流过电压

工频过电压研究了交流线路发生不对称故障后交流线路上的过电压情况，研究表明，换流站交流侧线路在单相接地时非故障相过电压为 40.21 kV（1.28 p.u.）；交流侧线路在两相接地时非故障相过电压为 38.50 kV（1.22 p.u.）。

过电压考虑故障情况下对交流线路进行分闸和重合闸操作，研究表明，交流输电线路单相接地故障后，切空线过电压最大值为 49.33 kV（1.57 p.u.），三相重合闸过电压最大值为 77.63 kV（2.46 p.u.）；两相接地故障后切空线过电压最大值为 34.03 kV

（1.08 p.u.），三相重合闸过电压最大值为 71.78 kV（2.28 p.u.）。

直流侧过电压重点分析了换流站直流设备的过电压，研究表明，当交流输电线路发生单相接地故障，且三相断路器动作时，换流阀两侧产生的过电压最大值为 127.31 kV。

2．雷电过电压计算

如表 3-36 所示，线路和联络变压器如果不装设避雷器，交流场各种设备的过电压值远大于设备的绝缘水平，将对设备绝缘和系统运行造成十分严重的影响。其中，联络变压器过电压最大值达到 891.18 kV，电压互感器过电压最大值为 566.49 kV，断路器两端隔离开关过电压最大值分别为 578.45 kV 和 652.44 kV，断路器过电压最大值为 617.84 kV。

表 3-36　夏大运行方式下的雷电过电压计算值

雷击点	电压互感器/kV	1# 隔离开关/kV	断路器/kV	2# 隔离开关/kV	联络变压器/kV
1#	549.56	578.48	617.84	652.44	891.18
2#	566.49	496.63	492.27	458.39	649.16
3#	501.52	421.25	430.87	432.35	627.96
4#	463.27	394.64	361.51	313.80	543.61
5#	423.74	387.42	385.20	312.48	517.43

对比雷击进站段线路不同杆塔上导线的侵入波过电压情况可以看出，近区落雷（主要是雷击 1#、2# 和 3# 杆塔）的情况下，设备的过电压明显高于远方落雷（雷击 4# 和 5#）杆塔，电压互感器上过电压最大值由 566.49 kV 降至 423.74 kV，且联络变压器上过电压最大值由 891.18 kV 降至 517.43 kV。这是因为雷电波在较长距离传输过程中的衰减和波头变缓，在站内设备上形成的侵入波过电压较低。因此，在避雷器的配置中，重点考虑降低近区落雷对站内设备产生的过电压。

3．交流侧绝缘配合

在夏季最大运行方式的情况下，在联络变压器出口和线路出线处同时装设一组避雷器（避雷器型号为 HY5WZ-51/134），雷电波沿线侵入变电站时在主变上产生的过电压远低于未配置避雷器时的过电压，如表 3-37 所示。

表 3-37　加装避雷器前后过电压水平对比

雷击类型	位　置	加装前/kV	加装后/kV
绕　击	联络变压器	891.18	93.46
	电压互感器	566.49	53.52
	1# 隔离开关	578.45	107.54
	2# 隔离开关	652.44	84.96
	断路器	617.84	102.75
反　击	联络变压器	700.78	136.52
	电压互感器	563.99	62.07
	1# 隔离开关	690.43	154.52
	2# 隔离开关	651.35	104.61
	断路器	635.73	133.92

　　仿真表明，在变压器出口处和线路出线处加装避雷器可使站内设备取得理想的保护。配置避雷器后，站内主要设备上的过电压水平均能满足要求，且留有一定的保护裕度。

4. 直流侧绝缘配合

　　在夏季最大运行方式的情况下，在如图 3-31 所示位置同时装设一组避雷器（避雷器型号为 LYH10WG-48/145），安装避雷器前后换流阀两侧过电压幅值如表 3-38 所示。

表 3-38　加装避雷器前后换流阀两侧过电压对比

故障类型	断路器动作	换流阀两侧电压幅值/kV	
		加装前	加装后
单相接地故障	无	71.85	69.58
	分闸	127.31	83.57
两相接地故障	无	73.13	68.19
	分闸	126.01	84.66
雷电绕击	无	99.80	57.57

仿真表明，按照如图 3-31 所示方式加装避雷器能给予变流站内换流阀理想的保护。配置避雷器后，换流阀两侧过电压幅值得到降低，过电压水平满足要求且保有一定裕度。

5．海拔修正

本工程电气设备海拔高度为 1 800 m，采用 GB/T 50064—2014 及 IEC 60071 两种标准进行修正。修正后的电气设备外绝缘水平选取如表 3-39 所示。

表 3-39　海拔修正后电气设备外绝缘水平选取

参考标准	额定雷电冲击耐受电压/kV				额定短时工频耐受电压/kV			
	变压器	开关	断路器	隔离开关	变压器	开关	断路器	隔离开关
GB/T 50064—2014	204	204	204	237	88	105	105	130
IEC 60071	204	204	204	204	88	88	88	88

第 4 章

光伏直流升压并网
工程调试和运行

本章对光伏直流升压并网工程总体情况进行介绍，说明了具体设备的软硬件，并详细介绍了光伏直流升压并网工程调试项目和试验结果，最后对交流汇集和直流汇集进行了运行对比。

4.1　光伏直流升压并网工程总体情况

本项目落地点在宾川干塘子光伏电站，对 35 kV 2 号汇流线尾端的 16~20 号共 5 个方阵的输出回路进行改造，将光伏组件分别接入直流升压装置 DC/DC 升压至 ±30 kV，送至直流汇集站由直流电缆输送至 MMC 柔直逆变站，逆变站位于原交流 35 kV 开关站，经换流站逆变为交流 35 kV，接入原 35 kV 母线，与 35 kV 2 号汇流线共用一个间隔。其主接线图如图 4-1 所示。

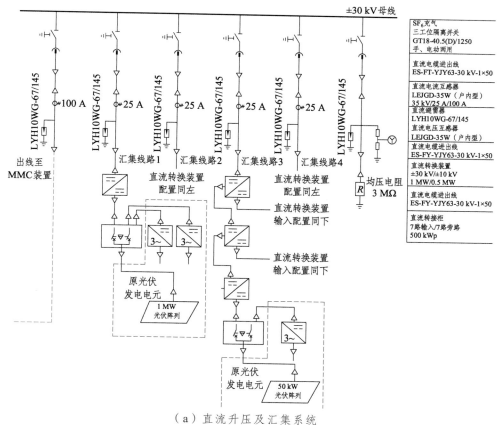

（a）直流升压及汇集系统

35 kV 进线 隔离柜	进线电缆： ZR-YJV22-26/35-3×50	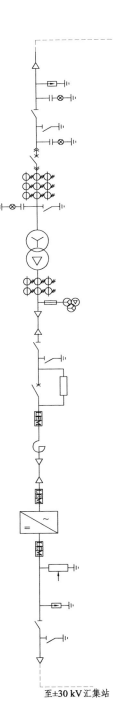
	避雷器：HY5WZ-51/134	
	带电显示器：DXNA1-40.5/Q	
	35 kV 电动隔离开关： GN27-40.5DW/630 A	
35 kV 并网 开关柜	带电显示器：DXNA1-40.5/Q	
	断路器： ZN85-40.5 kV/630 A/31.5 kA/4 s	
	互感器： LZZB8-35，200/5 A， 0.2/5P30/5P30，30/30/30 VA	
	带电显示器：DXNA1-40.5/Q	
	35 kV 电动隔离开关： GN27-40.5DW/630 A	
联络变	隔离变压器： 38.5±2×2.5%/35S11-6 300 kVA Yd11，8%	
	电流互感器：LZZBJ9-35 W 200/5A，0.2/5P30，15/15 VA	
	电压互感器：JDZXW3-35G， 35/√3/0.1/√3/0.1/3， 0.2/3P，15/50 VA	
启动回路	连接电缆： ZR-YJV22-26/35-3×50	
	35 kV 电动隔离开关： GW4-40.5DW/630 A，31.5 kA(4 s)	
	旁路开关： ZW7-40.5 kV/630 A	
	启动电阻： RXHG-35 kV-5 kW-3 kRJ	
	LEM：LT108 ±0.6% 100 A、测量精度	
	桥臂电抗器： QKGKL-35-50 A-156 mH	
MMC 功率 单元装置	连接电缆： ZR-YJY22-26/35-1×50	
	LEM：LT108 100 A、测量精度±0.6%	
	功率单元：5 Mvar	
	LRM：LT108 100A、测量精度±0.6%	
	直流电压电子式互感器： 额定电压30 kV，电压测量精度： 0.2%（0.1~1.5 p.u）， 0.5%（1.5~2.0 p.u）	
直流刀闸	直流避雷器：LYH10WG-67/145	
	直流隔离开关： GW4-40.5DW/630 A，15 kA(1 s)	
	直流电缆 50×2×(DC-ZR-YJV62-30 kVdc-1	

至±30 kV 汇集站

（b）柔性直流逆变系统

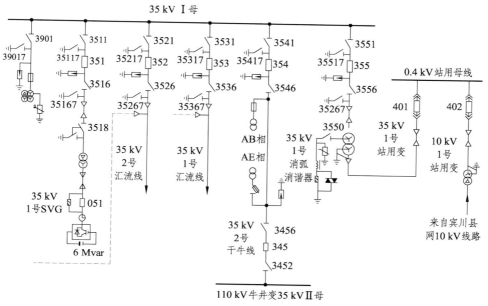

（c）接入原 35 kV 交流系统

图 4-1　光伏直流升压并网工程主接线图

　　直流升压并网直流汇集站采用优化设计，与原光伏电站有机结合，布置利用原光伏电站空余位置，不占用光伏发电单元空间，方便运维。光伏电站全站俯视图如图 4-2 所示。

图 4-2　光伏电站全站俯视图

4.2 光伏直流升压工程主要设备介绍

4.2.1 MMC 柔性直流逆变站

（1）开关柜：包括隔离开关和进线断路器两个柜，主要有 QS_1 隔离开关、QE_1 接地开关、QF 进线断路器、QE_0 接地开关、电流互感器等一次设备，主要用于柔性直流设备分合闸控制点和状态切换以及设备故障时的迅速切除。

（2）隔离变压器：承担柔性直流逆变设备与电网的电气隔离作用，用于隔离设备故障时对电网的影响，配有电流互感器及电压互感器。

（3）启动回路：包括 QS_2 隔离开关、QE_2 接地开关、QF_1 旁路断路器、启动电阻 R、桥臂电抗器。启动电阻 R 作为 35 kV 电源对 MMC 和 DC/DC 设备的预充电使用，可降低瞬时设备冲击电流，保护设备安全；桥臂电抗器具备交流电流滤波、抑制桥臂环流电流、抑制直流短路电流的功能。

（4）功率阀体：由 A、B、C 三相组成，每相分别安装在一个集装箱内。功率阀体是光伏直流升压汇集工程的核心设备，通过依次将三相交流电压连接到直流端得到期望的直流电压，实现对有功无功的控制。

（5）直流电缆：本工程直埋一回直流输电线路，长度约 700 m，连接开关站柔性直流逆变系统和场区的直流升压系统。配套装设直流避雷器、QS_3 直流隔离开关和 QE_3 接地开关。

（6）MMC 柔性直流换流器，其主要参数如表 4-1 所示。

表 4-1　MMC 柔性直流换流器主要参数

参　量	数　值
额定容量/MVA	5
无功输出范围/Mvar	$-5 \sim 5$
额定直流电压/kV	± 30
直流最高持续运行电压/kV	± 31.5
直流最低持续运行电压/kV	± 28.5
额定直流电流/A	83.3

续表

参　量	数　值
最小直流运行电流/A（建议值）	8.33
MMC（阀）侧额定交流电压/kV	32
MMC（阀）侧额额定交流电流/A	90.2
MMC桥臂额定电流/A	53
MMC桥臂电流峰值/A	91.6
开关频率/Hz	5 000

（7）总体构成。

±30 kV/5 MW DC/AC 换流器主要由 3 个换流阀集装箱（深 × 宽 × 高：12 000 mm × 2 538 mm × 3 500 mm）、1 个交流开关柜集装箱（深 × 宽 × 高：10 000 mm × 2 538 mm × 3 500 mm）、6 个桥臂电抗器、直流避雷器、直流隔离开关、直流电子式互感器、交流断路器、启动电阻、电压互感器、电流互感器和控制系统组成。3 个换流阀集装箱构成交流三相，每个单相集装箱内包含控制柜、上桥臂阀模块和下桥臂阀模块，上、下桥臂阀模块均有 72 个，其中每个阀模块由单元控制板、IGBT 模块、直流电容器、电阻器、旁路开关和散热器等构成。柔性直流逆变站实物图如图 4-3 所示。

（a）功率柜高压侧实物图

（b）交流开关柜和换流阀集装箱外观

（c）换流阀和电抗器

图 4-3　柔性直流逆变站实物图

4.2.2　直流升压系统

本工程装设 500 kW/1 000 kW 两种直流升压装置，将光伏组件发出的电能升压到 ±10 kV 和 ±30 kV，3 台 ±10 kV，500 kW 的升压装置串联升压至 ±30 kV 后接入直流汇集站，2 台 ±30 kV，1 000 kW 的升压装置直接接入直流汇集站。

1．集中型直流升压变换装置

±30 kV/1 MW 光伏直流升压变换器采用模块化设计，使用 5 kV/85 kW 功率模块，通过模块输入并联、输出串联（IPOS）方式实现变换器的高电压、大功率、高升压比的要求。集中型直流变换器主要包括以下部件：低压控制柜、低压接线柜、功率柜以及高压接线柜，其中功率柜含 14 套功率模块，每套模块包括低压功率模块、高频变压器以及高压功率模块，高压接线柜内部包括高压直流电压电流测量装置、软启电阻、旁路接触器、熔断器、高压断路器、接地刀闸等部件。

集中型直流变换器参数如表 4-2 所示。

表 4-2　集中型直流变换器参数

项　　目	参　　数
最大直流功率/kW	1 105
最大输入电流/A	2 250
MPPT 输入电压范围/V	450～850
额定输出功率/kW	1 000
最大输出电流/A	16.67
额定直流电网电压/kV	±30
输出电压范围/kV	0～33

2．集中型直流升压装置结构组成

±30 kV/1 MW 集中型光伏直流变换器采用两组 500 kW 的光伏阵列并联后输入直流变换器，由于两组 500 kW 光伏阵列就近布置，环境和气象条件对两组光伏阵列的影响基本一致，直流变换器可以统一采用最大功率跟踪算法，实现两组光伏阵列的功率输出。汇集支路三和汇集支路四分别对应两台集中型直流变换器，分别对接 19 号和 20 号光伏阵列，容量均为 1 MW。±30 kV/1 MW 两台集中型光伏直流升压系统如图 4-4 所示。

（a）汇集支路 3 直流变换器 A　　　　　　（b）汇集支路 4 直流变换器 B

（c）±30 kV/1 MW 集中型直流变换器内部

图 4-4　±30 kV/1 MW 集中型光伏直流升压系统

3．串联型直流升压变换装置

20 kV/500 kW 光伏直流升压变换器采用模块化设计，使用 3 kV/85 kW 功率模块，通过模块输入并联、输出串联（IPOS）实现变换器高电压、大功率、高升压比。串联型直流变换器主要包括以下部件：低压控制柜、低压接线柜、功率柜以及高压接线柜，其中功率柜部分含 10 套功率模块，每套功率模块包括低压功率模块、高频变压器及高压功率模块，高压接线柜内部包括高压直流电压电流测量装置、软启电阻、旁路接触器、熔断器、高压断路器、接地刀闸等部件。3 台串联型直流变换器输入接独立光伏阵列，输出相互串联构成串联系统。串联型直流变换器参数如表 4-3 所示。

表 4-3　串联型直流变换器参数

项　目	参　数
最大直流功率/kW	615
最大输入电流/A	1 125
MPPT 输入电压范围/V	450～850
额定输出功率/kW	500
最大输出电流/A	25
额定直流电网电压/kV	±30
输出电压范围/kV	±（0～33）

4．串联型直流升压装置结构组成

由 3 台 20 kV/500 kW 串联型光伏直流变换器组成的 ±30 kV/1.5 MW 串联型直流升压系统，输入接 3 个不同的 500 kW 光伏阵列，输出串联，输出电流相等，3 台直流变换器的输出电压与其输出功率呈正比例关系。串联型直流升压变换器系统实物图如图 4-5 所示。

（a）串联型升压系统（支路 1 与支路 2）外观

（b）串联型直流升压变换器内部

图 4-5　串联型直流升压变换器系统实物图

5．直流汇集站

直流汇集站由集装箱和开关柜组成，负责汇集和送出各直流升压装置电能，主要装设有直流母线、隔离开关、接地开关、电压电流互感器、避雷器等，其外观如图 4-6 所示。

图 4-6　±30 kV 开关柜预制舱外观

直流汇集站 ±30 kV 母线正负极分别经箝位高电阻接地，安装在 ±30 kV 固定柜预制舱内。开关柜预制舱内电阻箱配置如图 4-7 所示。

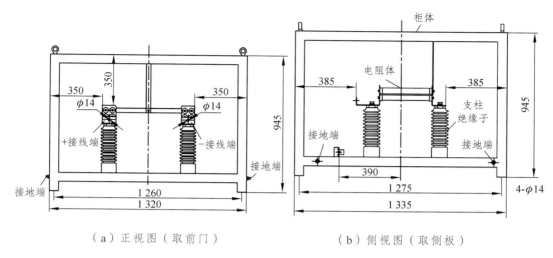

（a）正视图（取前门）　　　　　（b）侧视图（取侧板）

图 4-7　开关柜预制舱内电阻箱配置图

6．二次仓

二次仓安装有直流汇集站、直流升压装置的监控、保护设备，以及柔性直流逆变系统的通信设备、直流电源和故障录波系统，其外观如图 4-8 所示。

图 4-8　二次仓集装箱外观

7．直流转接柜

在原有的汇流箱到逆变器电缆上加装直流转接柜，可将光伏组件发出的电能提供给本项目直流升压 DC/DC 设备或原有的逆变器设备。在本工程调试、停电检修或故障期间光伏组件切换回原光伏逆变器，不损失电量，其原理图和实物图分别如图 4-9 和图 4-10 所示。

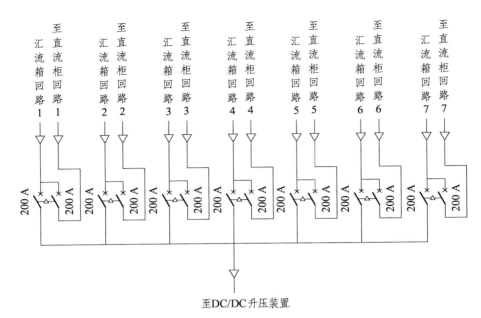

图 4-9　直流转接柜原理图

（a）直流转接柜外观

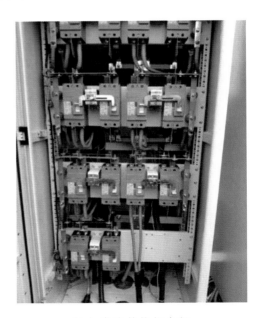

（b）直流转接柜内部

图 4-10　直流转接柜实物图

4.2.3　控制保护设备

1．隔离变压器保护

隔离变压器配置一台 CSC-241G 保护装置，主要配置以下保护功能：

（1）差动保护功能。

（2）过流保护功能。

（3）过负荷保护功能。

（4）电流加速保护功能。

（5）零序电流保护功能。

（6）非电量保护功能。

2．MMC 换流阀保护

配置柔性直流本体控保一体装置 CSD-347A，主要保护功能如下：

（1）启动回路差动保护：当直流系统充电时或直流系统正常运行时，发生启动回路或旁路回路接地及相间故障，启动回路差动保护动作。该保护以连接变阀侧电流及启动回路电子式互感器电流作为保护判别元件。

（2）桥臂差动保护：桥臂短路、阀组接地故障保护，以桥臂电流及直流极电流作为动作判据。

（3）桥臂差动快速保护：尽快切除发生在换流阀上的接地短路、极间短路以及一些严重故障，桥臂差动三段配置为快速段保护，此动作段动作值固定，延时可设定。

（4）桥臂电抗器差动保护：切除发生在桥臂电抗器上的接地故障及相间故障。该保护以连接变阀侧电流以及上下桥臂电流作为保护判别元件。

（5）启动回路过流保护：当因故障或其他原因导致交流连接母线上通过的电流超过限值时，可能引起设备产生损坏。该保护以连接变阀侧电流及启动回路电子式互感器电流作为动作判据。

（6）交流低电压保护：当直流系统充电或正常运行时，防止由于交流电压过低引起直流系统异常。

（7）交流过电压保护：当直流系统充电或正常运行时，防止由于交流系统异常引起交流电压过高，导致设备损坏。

（8）启动过流保护：启动过程中短路故障的保护。

（9）桥臂过流保护：该保护针对换流阀接地故障、相间短路故障，以及换流阀过载故障。

（10）桥臂过流快速保护：为了尽快切除发生在桥臂上的接地短路、极间短路以及一些严重故障，桥臂过流4段配置为快速段保护，此动作段动作值固定，整定延时可设置。

（11）阀直流过流保护：防止直流电流过大造成设备损坏。

（12）直流电压不平衡保护：针对直流极、直流线路接地故障进行保护。

（13）直流低电压过电流保护：对整个直流系统进行保护，检测各种原因造成的接地短路故障或双极短路故障。

（14）直流过压保护：对于控制系统异常、分接头操作错误、雷击、直流极接地故障、直流极线开路等造成的过电压故障进行保护。

（15）直流低电压保护：该保护针对各种原因造成的接地短路故障或双极短路故障造成的低电压进行保护。

（16）交流频率保护：本保护监测连接变阀侧电压的频率。当断路器发生偷跳时，连接变阀侧电压就会由于极控锁相环失去基准而发生偏移，为防止长时间的频率偏移，由本保护停运直流系统。

3．直流汇集母线保护

配置协调控制及保护一体装置CSD-347C，主要保护功能如下：

（1）直流汇流母线差动保护。

（2）直流支路过电流保护，支持判断故障点方向过流。

（3）直流低电压保护。

（4）直流过电压保护。

（5）中性点过流保护。

（6）直流电压不平衡保护。

4．控制保护系统装置组成

控制保护系统由主控系统、远动通信装置、DC/DC 直流变控制装置、DC/AC 换流站控制和保护装置、直流输电线路保护装置、DC/DC 变流器出线保护装置、故障录波系统构成，其实物图如图 4-11 所示。

（a）通信、主控和故障录波柜

（b）汇集线路和母线控制保护柜

图 4-11　控制保护装置实物图

4.3 调试情况概述

4.3.1 调试目的

光伏接入工程调试一般分成现场不带电调试和带电系统调试两个阶段。柔性直流工程在控制保护设备进入现场安装前，还必须经过系统仿真。系统仿真联调需要搭建仿真建模平台。大型工程通常采用在线实时仿真，对极控制系统、相控制单元、模块控制的逻辑和保护功能进行验证，避免工程现场投运过程中因控制策略不当而造成设备损坏，这是整个调试过程中非常重要的环节。现场不带电调试阶段主要包含设备单体调试和分系统调试，对设备的性能、二次回路和整组配合等进行全面调试，排除设计和安装的错误，是设备送电前的最后一道关口，其调试质量的高低直接关系工程能否顺利投运。带电调试阶段分为单站系统调试和端对端系统调试，主要考核组成该柔性输电工程的全部设备、各分系统以及整个直流输电系统的性能；通过带电系统调试，协调和优化设备之间、各分系统之间的配合，以提高系统的整体综合运行性能，这是工程投运前重要的调试阶段。

不带电阶段的设备单体试验主要包括换流变压器、直流汇集场隔离开关、切换开关、直流电缆、桥臂电抗器、直流电子互感器以及换流阀、子模块、交流升压站交流电缆、启动回路等设备的绝缘耐压、局放等试验。这些试验大多有标准试验方法。本章主要介绍光伏升压直流汇集接入系统不带电的分系统调试和带电调试，概述试验项目和试验方法，给出试验结果，为类似工程提供参考。

云南干塘子电站 MMC 和 DC/DC 升压变换器分系统调试和系统间联合调试是投运前的关键项目，在已完成 MMC、DC/DC 升压装置、DC 汇集站本体调试的基础上进行，其目的是全面检验光伏电站直流并网系统一、二次设备的各项性能。

4.3.2 调试范围

（1）光伏发电场区：±30 kV 汇集站相关的交直流一、二次及其辅助设备，包括 DC/DC 升压成套设备、DC 进线开关间隔、直流测量设备、直流场相关设备等。

（2）光伏电站升压站区：±30 kV MMC 换流器相关的交直流一、二次及其辅助设备，包括换流变进线开关间隔、换流变、换流阀及其冷却设备、直流场相关设备和附属设备等。

（3）直流输电线路：直流汇集站至光伏电站升压站之间 ±30 kV 线路。

4.3.3　系统调试前已完成的工作

（1）试验范围内的所有设备施工安装均已完毕并通过竣工验收，临时安全措施已拆除，设备具备带电条件。一、二次设备，包括通信、自动化设备运行维护单位已明确。

（2）站用电至少应有两路电源供电，并能投切无误。

（3）试验范围设备的所有工作全部结束，临时措施全部拆除，人员已撤离。经参与项目的各方确认直流汇集线路以及直流母线具备带电投运条件。

（4）开关、刀闸设备均按调度命名、编号标识清楚，与计算机监控及主控室模拟图相符。相关保护及通道命名标识清楚并确保无误。

（5）分系统试验和系统试验所包括的设备交接试验、单体试验均已完成，发现的问题已处理完毕，结果已符合有关技术规范的要求。

（6）相关保护的 PT、CT、直流电力电子电流电压测量装置、霍耳元件误差和极性经现场校核正确。

（7）所有已投运及待启动的交流系统、直流系统的保护定值已按正式定值单整定完毕并核对无误，装置按正常方式投入运行。

（8）远动、通信系统调试完毕且工作正常，能满足调度自动化、继电保护、安全自动装置运行及现场试验的要求。

4.3.4　调试设备和工具

调试设备和工具如表 4-4 所示。

表 4-4　调试设备和工具

序号	类　型	名　称	说　明
1	监视控制平台	MMC 控保装置	就地操作，三相监视
2		DC/DC 控保装置	就地操作，单体监视
3		直流监控后台	全站测量数据
4		故障录波装置	观察运行波形及数据存储

序号	类型	名称	说明
5	软件条件	Quartus	CPU_FPGA 程序下载
6		UFLA32R	CPU_192 程序下载
7		CSPC	四方继保自动化调试应用软件
8		超级终端	下载 master 应用程序
9	硬件条件	16C/32R 程序下载器	修改查看板卡地址
10		FPGA 下载器	烧写 FPGA 程序
11		笔记本计算机一台	Thinkpad，T420i
12		调压器	0~380 V 调压
13		不控整流桥	5 kV，三组串联
14	控保设备测试仪器及工具	万用表	FLUKE 15B +
15		继保测试仪	PW30 AE
16		热成像仪	FLIR i7
17		录波仪	DL850
18		兆欧表	2 500 V
19		耐压测试仪	CC2678
20		功率分析仪	FLUKE 435
21		噪声测试仪	FLUKE
22		电压探头	OIDP-50，高压差分探头，3 台
23		电流探头	PAC22，3，台
24		钢卷尺	0~3.5 m/1 mm
25		导线及常用工具包	1 套

续表

序号	类型	名　称	说　明
26	绝缘测试仪器及工具	智能耐压试验装置 CYYD-10 kVA/100 kV	电压：0～250 V，电流：40×（1±1%）A
27		冲击电压测量系统 CJDY-900	600×（1±1%）kV
28		直流互感器校验仪 XL-807C	电压：0～120 V，电流：0～6 A，0.05%
29		示波器 Tektronix DP02014B	0～100 MHz，3.0 级
30		电压差分探头 DP-100	0～3.5 kV，±0.5%
31		罗氏线圈电流探头 CWT150LFB	0～30 kA，±0.5%
32		直流高压发生器	DC：0～200 kV，1%
33		泰仕噪声计 TSE-1352H	30～130 dB，2.0%
34		yokogawa WT1800 功率分析仪	0～1 000 V，0～2 A（可外接霍耳扩展），±0.5%

4.4　直流升压 DC/DC 变流器不带电分系统调试

4.4.1　光伏直流变流器绝缘耐压测试

为了降低对直流升压设备绝缘耐压的设计要求，光伏直流升压汇集系统采用正负极母线通过高压大电阻的接地方式；额定工作电压为 ±30 kV，直流变换器按照 60 kV 的绝缘耐压设计。由于直流变换器采用输入并联、输出串联的模块化组合结构，基本功率模块采用高频隔离变压器的隔离型拓扑结构，因此，直流变换器的绝缘耐压设计最终归结到基本功率模块的高频变压器和高压侧功率模块的绝缘耐压设计，具体内容见第 3 章。8 台直流变换器完成现场安装接线工作后，进行绝缘耐压测试，现场测试项目和结果如表 4-5 所示。

表 4-5　直流变换器现场绝缘试验

序号	检查项目	试验标准	试验记录
1	集中型直流变换器高压柜部分	AC 60 kV，1 min	合格
2	串联型直流变换器高压柜部分	AC 60 kV，1 min	合格
3	集中型直流变换器高压侧电缆	DC 43.5 kV，15 min	合格
4	串联型直流变换器高压侧电缆	DC 43.5 kV，15 min	合格

4.4.2　直流升压变换器控制保护系统调试

1. 控制保护装置与 DC/DC 控制器通信测试

检测目的：控制保护主机与直流变换器控制装置、合并单元装置、MMC 主控装置等板卡间通信的各光口、网口通信状态。

检测方法：装置上电切为主用，检查装置无通信中断告警。

检测判据：装置面板无异常告警。

2. 控制保护装置开入、开出测试

测试目的：测试控制系统及开入、开出回路是否正确。

测试仪器：万用表。

测试方法：用测试软件开出，测试出口装置是否可靠动作；通过测试软件检测外部装置动作后，状态开入是否正确；如果外部装置暂无法动作，可在相关端子模拟装置动作，通过检测软件检测开入状态是否正确。

测试判据：开出传动后，执行机构动作正确，返回开入状态正确。采用节点模拟的开入点，开入状态正确。

测试记录：按照上述试验方法进行如表 4-6、表 4-7 所示的传动功能测试，并记录测试结果。

表 4-6　DC/DC 控保开出测试表格

序号	名　　称	测试结果
1	支路 1 合闸命令	√
2	支路 1 分闸命令	√
3	支路 2 合闸命令	√
4	支路 2 分闸命令	√
5	支路 3 合闸命令	√

序号	名　称	测试结果
6	支路 3 分闸命令	√
7	支路 4 合闸命令	√
8	支路 4 分闸命令	√
9	出线合闸命令	√
10	出线分闸命令	√

表 4-7　DC/DC 控保开入测试表格

序号	名　称	测试结果
1	PT 柜三工位隔刀合闸	√
2	PT 柜三工位隔刀接地分	√
3	PT 柜三工位接地合	√
4	PT 柜气压闭锁	√
5	PT 柜气压报警	√
6	PT 柜远方位置	√
7	送出线路柜三工位隔刀合闸	√
8	送出线路柜三工位隔刀接地分	√
9	送出线路柜三工位接地合	√
10	送出线路柜气压闭锁	√
11	送出线路柜气压报警	√
12	支路 1 三工位隔离刀闸合位	√
13	支路 1 三工位隔离接地刀分位	√
14	支路 1 三工位接地刀闸合位	√
15	支路 1 气压闭锁	√
16	支路 1 气压报警	√
17	支路 1 远方操作	√
18	支路 2 三工位隔离刀闸合位	√
19	支路 2 三工位隔离接地刀分位	√
20	支路 2 三工位接地刀闸合位	√
21	支路 2 气压闭锁	√
22	支路 2 气压报警	√
23	支路 2 远方操作	√

续表

序号	名 称	测试结果
24	支路 3 三工位隔离刀闸合位	√
25	支路 3 三工位隔离接地刀分位	√
26	支路 3 三工位接地刀闸合位	√
27	支路 3 气压闭锁	√
28	支路 3 气压报警	√
29	支路 3 远方操作	√
30	支路 4 三工位隔离刀闸合位	√
31	支路 4 三工位隔离接地刀分位	√
32	支路 4 三工位接地刀闸合位	√
33	支路 4 气压闭锁	√
34	支路 4 气压报警	√
35	支路 4 远方操作	√

3. 控制保护装置模拟量精度测试

测试目的：测试互感器方向、采样回路和采集精度是否正确。

测试仪器：继保仪、升压器、升流器、互感器校验仪、万用表。

测试方法：用测试仪加量，在装置上查看采样精度。

测试判据：电子式互感器满足互感器精度要求，电流元件<±2.5%；电压元件<±2.5%。

测试记录：按照上述试验方法进行表模拟量测量，并记录测试结果，如表 4-8 所示。

表 4-8　汇集站控保采样数据记录

通道名称	测试值	U_a /kV	U_b /kV	U_c /kV	测试结果
		U_P/I_P	U_N/I_N	无	无
直流电压	30 kV	29.99	30.01	无	正常
	10 kV	9.99	10.1	无	正常
线路直流电流	100 A	100.01	99.99	无	正常
	50 A	49.99	50.00	无	正常
支路直流电流	25 A	25.01	24.99	无	正常
	15 A	14.99	15.00	无	正常

备注：相量测试采用继电保护测试仪进行加量试验，U_a 通道接直流正极，U_b 通道接直流负极，U_c 通道备用。

4．控制保护装置不带电跳闸试验

检测目的：测试整机保护功能有效，无拒动、无误动，报文上送正确，动作值准确、延时准确。

测试仪器：录波仪。

检测方法：硬件保护由对应硬件节点直接触发保护动作，软件保护由控制器根据传感器上送的电气信号与软件保护定值进行综合判断后触发保护动作。保护测试将人为触发故障信号，测试保护动作逻辑能否准确执行。

检测判据：测试装置保护功能有效，无拒动、无误动，报文上送正确，动作值准确、延时准确。

试验记录：按照上述试验方法进行如表 4-9 所示的保护功能测试，并记录测试结果。

表 4-9　汇集母线保护功能测试记录

类型	序号	名　　称	动作出口	结果
软件保护	1	母线差动 2 段电流	闭锁，跳闸	√
	2	母线差动 3 段电流	闭锁，跳闸	√
	3	T1 差动 2 段电流	闭锁，跳闸	√
	4	T1 差动 3 段电流	闭锁，跳闸	√
	5	直流过压 1 段极地电压	闭锁，跳闸	√
	6	直流过压 2 段极地电压	闭锁，跳闸	√
软件保护	7	直流过压 3 段极地电压	闭锁，跳闸	√
	8	直流低电压 1 段	闭锁，跳闸	√
	9	直流低电压 2 段	闭锁，跳闸	√
	10	直流低电压 3 段	闭锁，跳闸	√
	11	支路 0 过流 2 段电流	闭锁，跳闸	√
	12	支路 0 过流 3 段电流	闭锁，跳闸	√
	13	支路 1 过流 2 段电流	闭锁，跳闸	√
	14	支路 1 过流 3 段电流	闭锁，跳闸	√
	15	支路 2 过流 2 段电流	闭锁，跳闸	√

续表

类型	序号	名　称	动作出口	结果
软件保护	16	支路2过流3段电流	闭锁，跳闸	√
	17	支路3过流2段电流	闭锁，跳闸	√
	18	支路3过流3段电流	闭锁，跳闸	√
	19	支路4过流2段电流	闭锁，跳闸	√
	20	支路4过流3段电流	闭锁，跳闸	√
结果		正确		

5．DC/DC 就地控制系统功能试验

DC/DC 就地控制系统功能试验检查项目和检查标准如表4-10所示。

表 4-10　DC/DC 就地控制系统功能试验

序号	检查项目		检查标准
1	二次供电调试		8台直流变换器二次系统带电，各指示灯、控制器显示正常
2	内部通信测试		8台直流变换器内部集中控制器与模块控制器之间的通信收发正常
3	集中控制器与内部显示屏通信测试		检查8台直流变换器内部集中控制器与其显示屏之间的通信，无错码、乱码
4	控保装置通信		直流升压装置一共包括4条直流汇集支路，分别实现与控保装置数据通信
5	汇集支路1（含A、B、C、三台直流变换器）	设备上电	控保设备面板指示灯，显示正常
6		允许充电	直流变换器向MMC发送允许充电指令
7		请求并网	直流变换器给MMC发送请求并网指令，MMC收到请求，检查调度允许1#支路并网状态为1，闭合1#支路隔离开关
8		允许合闸指令	MMC给直流变换器发送允许合闸指令，直流变换器合内部断路器，MMC开始对直流变换器充电
9		待机状态	检测到充电完成后，闭合直流变换器内部旁路开关；然后直流变换器向MMC发送待机状态

续表

序号	检查项目		检查标准
10	汇集支路1（含A、B、C、三台直流变换器）	直流变换器解锁	MMC收到直流变换器发送的待机状态后，收回允许合闸信号，同时MMC向直流变换器发送解锁指令
11		正常启动	直流变换器正常启动，运行到MPPT状态，调试结果正常
12		正常闭锁测试	MMC向直流变换器发送正常闭锁指令，直流变换器停机闭锁，断开内部断路器及旁路开关，同时向MMC发送离网请求；MMC收到直流变换器发送的离网请求后，断开支路开关
13		紧急停机（故障停机）测试	MMC向直流变换器发送紧急停机指令，直流变换器紧急停机闭锁，断开内部断路器及旁路开关，同时向MMC发送离网请求；MMC收到直流变换器发送的离网请求后，断开支路开关
14	汇集支路2（含三台直流变换器DEF）		重复上述5～13步
15	汇集支路3（A套集中式直流变换器）	正常启动	控保设备面板指示灯显示正常,可正常启动
16		允许充电	直流变换器向MMC发送允许充电指令
17		请求并网	直流变换器给MMC发送请求并网指令
18		允许合闸	MMC收到请求并网指令并在电网调度允许直流变换器3#支路并网的情况下，MMC闭合3#支路隔离开关
19		变换器充电	MMC给直流变换器发送允许合闸指令，直流变换器收到允许合闸指令后闭合直流变换器内部断路器，MMC开始对直流变换器充电
20	汇集支路3（A套集中式直流变换器）	解锁	直流变换器检测到充电完成后，闭合直流变换器内部旁路开关；然后向MMC发送待机状态；MMC收到直流变换器发送的待机状态后，收回允许合闸信号，同时向直流变换器发送解锁指令，直流变换器正常启动
21		正常闭锁	MMC向直流变换器发送正常闭锁指令，直流变换器正常停机闭锁，断开内部断路器及旁路开关，同时向MMC发送离网请求；MMC收到直流变换器发送的离网请求后，断开3#支路开关

续表

序号	检查项目		检查标准
22	汇集支路3（A套集中式直流变换器）	紧急停机（故障停机）	MMC向直流变换器发送紧急停机指令，直流变换器紧急停机闭锁；断开内部断路器及旁路开关，同时向MMC发送离网请求，MMC收到请求后断开3#支路开关
23	汇集支路（4）（B套集中式直流变换器）		重复上述15～22步
24	直流变换器与直流监控系统通信测试		8台直流变换器通过直流变换器内部显示屏分别实现运行数据上传至直流监控系统

4.5　光伏直流升压MMC换流器不带电分系统试验

4.5.1　阀支架介电试验

1. 直流电压试验

试验要求：功率单元阀组对地应能承受 ± 57.6 kV/1 min，± 39.6 kV/3 h 直流耐压。

试验结果：功率单元阀组光纤槽、连接导线等均安装到位，功率模块的通信光纤连接到控制单元通信接口中。模块短接，阀组对地施加相应直流耐压，试验数据如表4-11所示。

表 4-11　阀支架直流电压试验数据

加压部位	试验电压/kV	试验时间/min	试验结果
阀组 - 地	+ 57.6	1	无绝缘击穿或闪络现象
阀组 - 地	+ 39.6	180	无绝缘击穿或闪络现象
阀组 - 地	− 57.6	1	无绝缘击穿或闪络现象
阀组 - 地	− 39.6	180	无绝缘击穿或闪络现象

2. 阀支架雷电冲击试验

试验要求：功率单元阀组对地应能承受 1.2/50 μs、185 kV 正、负极性各 3 次的雷电冲击电压。

试验结果：换流阀光纤槽、连接导线等均安装到位，功率模块的通信光纤连接到控制单元通信接口中。功率模块短接，功率柜阀组对地施加电压 185 kV，波形 1.2/50 µs 的雷电冲击波，正、负极性各 3 次，试品未出现绝缘击穿或闪络，试验数据如表 4-12 所示。阀支架绝缘试验图及雷电冲击试验波形图分别如图 4-12 和图 4-13 所示。

表 4-12　阀支架雷电冲击数据

试验序号	耐压标准/kV	施加雷电冲击全波电压波形参数/µs		峰值电压/kV	结　果
		T_1	T_2		
1	− 185	0.92	57.15	− 185.08	无绝缘击穿或闪络
2	− 185	0.92	57.10	− 185.06	无绝缘击穿或闪络
3	− 185	0.91	57.09	− 184.94	无绝缘击穿或闪络
4	+ 185	0.95	57.13	+ 184.99	无绝缘击穿或闪络
5	+ 185	0.93	57.19	+ 185.29	无绝缘击穿或闪络
6	+ 185	0.93	57.19	+ 185.16	无绝缘击穿或闪络

（a）阀支架直流电压试验

（b）阀支架雷电冲击试验

图 4-12　阀支架绝缘试验图

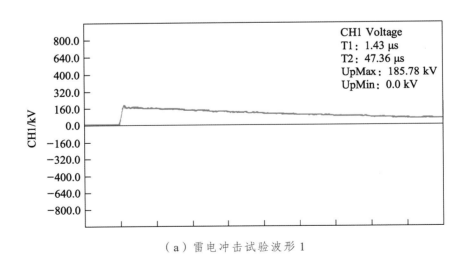

（a）雷电冲击试验波形 1

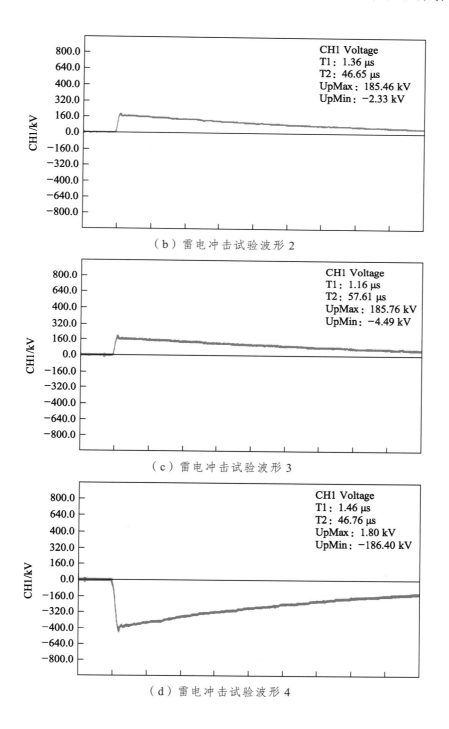

（b）雷电冲击试验波形 2

（c）雷电冲击试验波形 3

（d）雷电冲击试验波形 4

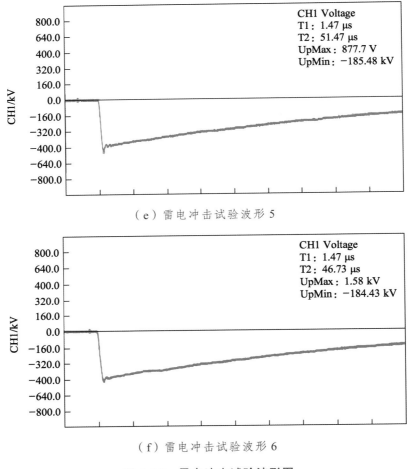

（e）雷电冲击试验波形 5

（f）雷电冲击试验波形 6

图 4-13　雷电冲击试验波形图

4.5.2　MMC 直流逆变器整机检查

检查 MMC 系统外观是否有划痕和变形，涂镀层是否均匀、光洁，各零件及接线是否紧固无松动，生产工艺是否满足设计要求，将检查结果进行记录，如表 4-13 所示。

表 4-13　整机检查记录表

序号	检查内容	结　果	备　注
1	结构尺寸	符合检查要求	实际测量与图纸保持一致
2	警告标识	符合检查要求	
3	模块外观干净、整洁，无变形	符合检查要求	
4	模块内器件固定良好，无松动现象	符合检查要求	
5	接地端子连接可靠，无松动现象	符合检查要求	
6	模块内配线正确、整齐，线号齐全且正确	符合检查要求	
7	阀组采用模块化设计，阀架绝缘距离满足要求	符合检查要求	实际测量距离满足
9	外观无划痕、形变	符合检查要求	
10	涂镀层均匀、光洁	符合检查要求	

4.5.3　直流逆变 MMC 安全测试

检测主回路器件及连接回路（包括阀体、支架）等可能带电接触金属的设计是否满足设计要求。

检测方法：检查带电裸露金属是否有防护；若无防护，是否有带电警告标志；金属外壳是否与机壳接地点有效连接。试验数据记录如表 4-14 所示。

表 4-14　安全测试记录

序号	项　目	检测结果	结　论
1	裸露带电金属防护	符合检查要求	裸露带电金属处于阀体内部，外部有防护围栏隔离
2	裸露带电金属警告标志	符合检查要求	直流输出端正负极铜牌贴有警告标志
3	金属壳接地良好	符合检查要求	金属壳有效接地

4.5.4 直流逆变 MMC 耐压试验

检测阀体的过电压承受能力和抗冲击能力。

测试仪器：工频耐压测试仪。

测试判据：参考 GB 311.1—2012 测试标准进行测试，工频耐压试验进行 1 min，测试过程中，装置无击穿、闪络、损坏现象。

测试方法：接地排可靠接地，分别将短路阀体的输入、输出的正负极短接至测试点，耐压仪输出端接测试点，接地端可靠接地，按照耐压仪操作说明进行耐压测试。测试完毕，所有短接线全部拆除，记录如表 4-15 所示。

表 4-15 耐压数据记录

序号	项目	测试电压/V	测试漏电流/mA	结果
1	阀体对壳	67 000	29.7	正常

4.5.5 直流逆变 MMC 控保系统通信测试

检测目的：实现主控制器 MASTER、LOGIC、TRF 板卡与控制主机、板卡间通信的各光口、网口通信状态。

检测方法：启动控制器，计算机 CSPC 软件依次连接两套 MASTER、LOGIC、TRF 插件和相控制器。

检测判据：CPSC 连接正常，各插件和控制器界面内容显示正常。

检测结论：通信测试正常。

4.5.6 直流逆变 MMC 控保系统开入、开出测试

测试目的：测试控制系统及开入、开出回路是否正确。

测试仪器：万用表。

测试方法：用测试软件开出，测试出口装置是否可靠动作；通过测试软件检测外部装置动作后，状态开入是否正确；如果外部装置暂无法动作，可在相关端子模拟装置动作，通过检测软件检测开入状态是否正确。

测试判据：开出传动后，执行机构动作正确，返回开入状态正确。采用节点模拟的开入点，开入状态正确。

测试表格如表 4-16 和表 4-17 所示。

表 4-16　MMC 控保系统开出测试

序号	名　称	测试结果
1	合进线隔离开关 QS_1	√
2	分进线隔离开关 QS_1	√
3	合进线断路器 QF_0	√
4	分进线断路器 QF_0	√
5	合阀侧隔离开关 QS_2	√
6	分阀侧隔离开关 QS_2	√
7	合启动柜接触器 QF_1	√
8	分启动柜接触器 QF_1	√
9	合直流正极隔离刀 QS_3	√
6	分直流正极隔离刀 QS_3	√
7	启动风冷	√
8	停止风冷	√

表 4-17　MMC 控保系统开入测试

序号	名　称	测试结果
1	紧急停机	√
2	高压柜门开	√
3	相控电源异常	√
4	合并单元电源异常	√
5	遥信电源异常	√
6	主机电源 1 异常	√
7	主机电源 2 异常	√
8	值班状态	√
9	进线开关 QF 合	√
10	进线开关 QF 分	√
11	网侧隔离刀 QS_1 合	√
12	网侧隔离刀 QS_1 分	√

序号	名　称	测试结果
13	旁路开关 QF₁ 合	√
14	旁路开关 QF₁ 分	√
15	阀侧隔离刀 QS₂ 合	√
16	阀侧隔离刀 QS₂ 分	√
17	正极隔离刀 QS₃ 合	√
18	正极隔离刀 QS₃ 分	√
19	A 相风机接触器分	√
20	A 相风机故障	√
21	B 相风机接触器分	√
22	B 相风机故障	√
23	C 相风机接触器分	√
24	C 相风机故障	√

4.5.7　直流逆变 MMC 控保系统模拟量精度测试

测试目的：测试互感器方向、采样回路和采集精度是否正确。

测试仪器：继保仪、升压器、升流器、互感器校验仪、万用表。

测试方法：用测试仪加量，在装置上看采样精度。

测试判据：电子式互感器满足互感器精度要求，电流元件<±2.5%；电压元件<±2.5%，具体记录如表 4-18 所示。

表 4-18　MMC 控保系统采样数据记录

通道名称	测试值/V	U_a/V	U_b/V	U_c/V	测试结果
网侧电压	57.7	57.72	57.69	57.71	√
阀侧电压	57.7	57.71	57.70	57.72	√

通道名称	测试值/A	I_a/A	I_b/A	I_c/A	测试结果
网侧电流	5	4.99	5.00	5.01	√
	2	2.00	1.99	2.00	√
	0.5	0.5	0.5	0.5	√
阀侧电流	5	5.00	5.01	4.99	√
	2	1.99	2.00	2.00	√
	0.5	0.5	0.5	0.5	√
启动回路电流	82.5	82.51	82.52	82.50	√
	5	4.99	5.01	5.01	√
上桥臂电流	49.8	49.81	49.80	49.79	√
	5	5.01	4.99	5.01	√
下桥臂电流	49.8	49.81	49.82	49.78	√
	5	4.99	5.01	5.00	√

备注：相量测试采用继电保护测试仪进行加量试验。

4.5.8　直流逆变 MMC 风冷系统测试

检测目的：确认风冷系统是否运行正常。

测试仪器：风速计。

检测方法：风机外观检查、风道密封是否严密，风道有无异物阻挡，用风速计在进出风口测试风速和风向。

检测判据：风冷系统各组成部分工作正常，启动后风速、风向正常。

检测结论：厂内风冷系统各项指标符合检测要求，具体记录如表 4-19 所示。

表 4-19　风冷测试记录

序号	风冷系统外观	风冷系统风道密封严密	功率单元进风风速	风速风向是否正常
1	外观正常	无漏风	均大于 6.5 m/s	正常

4.5.9 直流逆变 MMC 控保系统不带电跳闸试验

检测目的：测试整机保护功能有效，无拒动、无误动，报文上送正确，动作值准确、延时准确。

检测方法：硬件保护由对应硬件节点直接触发保护动作，软件保护由控制器根据传感器上送的电气信号与软件保护定值进行综合判断后触发保护动作。保护测试将人为触发故障信号，测试保护动作逻辑能否准确执行。

检测判据：测试装置保护功能有效，无拒动、无误动，报文上送正确，动作值准确、延时准确，具体记录如表 4-20 所示。

表 4-20　保护功能测试记录

类型	序号	名　称	动作出口	结果
硬件保护	1	24 V 电源模块故障	闭锁，跳闸	√
	2	±15 V 电源异常	闭锁，跳闸	√
	3	交流电源异常	闭锁，跳闸	√
	5	电抗器超温跳闸	闭锁，跳闸	√
	6	IGBT 故障	闭锁，跳闸	√
	7	单元直流硬过压	闭锁，跳闸	√
软件保护	1	连接母线差动 2 段电流	闭锁，跳闸	√
	2	连接母线差动 3 段电流	闭锁，跳闸	√
	3	交流过流 2 段	闭锁，跳闸	√
	4	交流过流 3 段	闭锁，跳闸	√
	5	交流低压保护	闭锁，跳闸	√
	6	交流过压保护	闭锁，跳闸	√
	7	中性点偏移 1 段	闭锁，跳闸	√
	8	中性点偏移 2 段	闭锁，跳闸	√
	9	直流接地 1 段	闭锁，跳闸	√
	10	直流接地 2 段	闭锁，跳闸	√
	11	桥臂差动 2 段	闭锁，跳闸	√
	12	桥臂差动 3 段	闭锁，跳闸	√

续表

类型	序号	名　称	动作出口	结果
	13	桥臂过流 2 段	闭锁，跳闸	√
	14	桥臂过流 3 段	闭锁，跳闸	√
	15	桥臂过流 4 段	闭锁，跳闸	√
	16	电抗器差动 2 段	闭锁，跳闸	√
	17	电抗器差动 3 段	闭锁，跳闸	√
	18	直流低压过流	闭锁，跳闸	√
	19	直流低压保护	闭锁，跳闸	√
软件保护	20	直流过电压 1 段	闭锁，跳闸	√
	21	直流过电压 2 段	闭锁，跳闸	√
	22	直流过电压 3 段	闭锁，跳闸	√
	23	阀直流过流 2 段	闭锁，跳闸	√
	24	阀直流过流 3 段	闭锁，跳闸	√
	25	单元上行通信异常	闭锁，跳闸	√
	26	单元下行通信异常	闭锁，旁路	√
	27	旁路超限故障	闭锁，跳闸	√
	28	旁路失败	闭锁，跳闸	√
结果			正确	

差动和过流两种保护试验验证的录波如图 4-14 和图 4-15 所示。

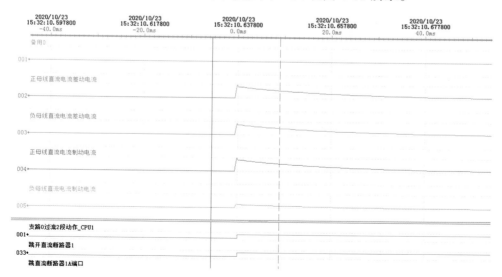

图 4-14　MMC 控制保护装置差动保护测试

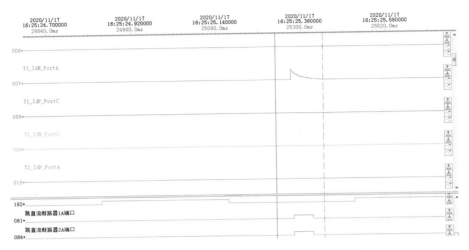

图 4-15　MMC 控制保护装置过流保护测试

4.5.10　不带电急停试验

检测目的：测试急停按钮能够正常停机。

检测方法：不带电把开关合上，然后按急停，查看开关是否跳开，换流阀闭锁命令是否发送。

检测判据：无拒动，报文上送正确，动作值准确，延时准确。

急停开关量变位如图 4-16 所示。

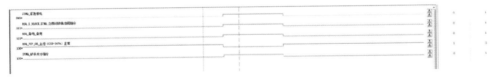

图 4-16　急停开关量变位

4.6　MMC 结构 DC/AC 带电分系统试验

4.6.1　换流变充电试验

测试目的：检查交流充电回路正常，变压器充电正常，测量冲击电压和电流。

测试方法：在单端运行情况下，手动合进线隔离刀闸（3561）、合交流进线断路器

（356），进行充电。当充电完成后，手动分交流进线断路器（356），充电完毕。

测试判据：系统无故障告警，换流变充电正常，无异常波动。

试验记录：保存换流变充电波形。

换流变充电如图 4-17 所示。

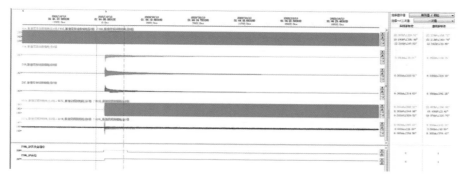

图 4-17　换流变充电

4.6.2　换流器充电试验

测试目的：检查交流充电回路正常，模块充电正常，测量冲击电压和电流。

测试方法：在单端运行情况下，设置运行模式为"STATCOM"模式；检查确定无模式校验错误；检查是否具备充电允许条件；充电允许条件满足后，按"启动"按钮，自动合交流断路器，进行充电；当充电完成后，自动合旁路接触器，充电完毕。

测试判据：系统无故障告警 SER；STATCOM 充电逻辑正确；系统运行平稳，无异常波动。其过程如图 4-18 和图 4-19 所示。

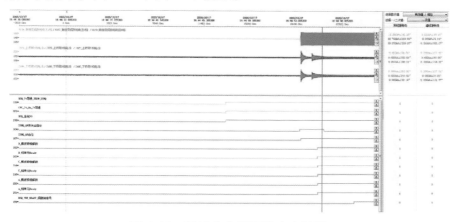

图 4-18　不控充电至可控充电过程

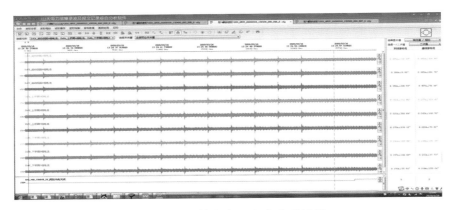

图 4-19　可控充电至充电完成过程

4.6.3　换流器解锁试验

测试目的：检验换流器解锁功能是否正常，解锁后直流电压控制是否正常。

测试方法：检查是否具备允许充电条件，检查解锁允许条件满足后，"RFO"指示由绿色变为红色，按"解锁"按钮进行解锁；解锁完成后，"解锁"按钮由绿色变为红色，并自动进行电压抬升；电压抬升至目标值（±30 kV）后，"运行"指示由绿色变为红色。

测试判据：系统无故障告警 SER；STATCOM 解锁逻辑正确；系统运行平稳，无异常波动。

试验记录：后台下发启动命令后，合交流接触器，开始不控充电，电压到达设定阈值后，收到逻辑下发的解锁脉冲后，MMC 装置开始解锁。解锁过程中装置无损坏，报文正常。充电完成后解锁时刻如图 4-20 所示。

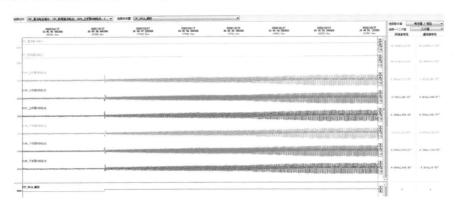

图 4-20　充电完成后解锁时刻

4.6.4　换流器正常停机闭锁试验

测试目的：检验换流器停机闭锁功能是否正常，闭锁过程中带来的系统冲击是否在允许范围内。

测试方法：系统稳定运行；按"顺控停机"按钮；先自动降无功功率；无功功率下降完成时，观察故障录波向阀控发送闭锁脉冲指令；收到控保系统传来的闭锁信号反馈后，解锁状态转为闭锁状态。

测试判据：系统无故障告警 SER；STATCOM 闭锁逻辑正确；系统由稳态运行进入闭锁状态。

试验记录：系统稳定运行过程中，下发正常停机，逻辑自动开始降功率。无功功率下降完成时，逻辑下发闭锁指令，装置闭锁。闭锁过程中无故障告警。MMC 换流器降功率后闭锁，如图 4-21 所示。

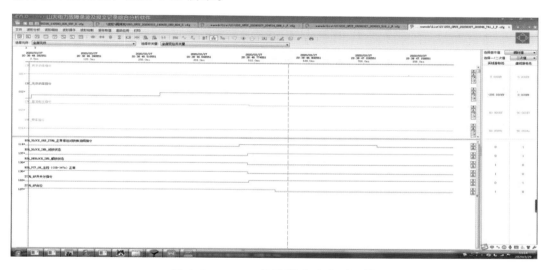

图 4-21　MMC 换流器降功率后闭锁

4.6.5　紧急停运

测试目的：紧急情况下，测试紧急停运功能。

测试工具：功率分析仪、录波仪。

测试方法：在单端运行情况下，按下"紧急停机"按钮。

测试判据：拍下急停按钮后，MMC 闭锁脉冲，跳开上级开关和接触器，输出电流降为零，无其他故障发生。

试验记录：紧急停运后，MMC 闭锁脉冲，跳开上级开关和接触器，装置无损坏。具体如图 4-22 所示，记录如表 4-21 所示。

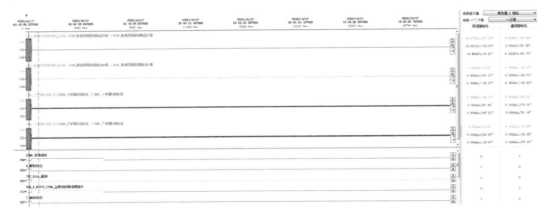

图 4-22　MMC 换流器紧急停机

表 4-21　紧急停运记录表

换流阀运行模式	按下紧急停机后，是否闭锁脉冲	按下紧急停机后，是否跳开关	按下紧急停机后，是否上送报文	是否正常
启动逻辑	闭锁	跳闸	上送	正常
直流电压控制	闭锁	跳闸	上送	正常

4.6.6　直流电压控制

测试目的：测试单端 MMC 装置脉冲触发和直流电压控制能力及均压能力，确认装置能够在设计工作电压范围内正常工作。控制精度满足精度要求，控制精度为 1%。

测试方法：按照单端 STATCOM 启动方法启动，直流电压目标值设定为 ±30 kV，运行 30 min，直流母线电压精度满足要求，单元直压无发散；将直流电压目标值分别设定为 55 kV、50 kV、45 kV、40 kV、35 kV、30 kV，各运行 5 min。

测试判据：直流母线电压精度满足要求，单元直压无发散。控制效果如图 4-23 所示。

试验记录：记录 60 kV、55 kV、50 kV、45 kV、40 kV、35 kV、30 kV 直流母线电压，具体如表 4-22 所示。

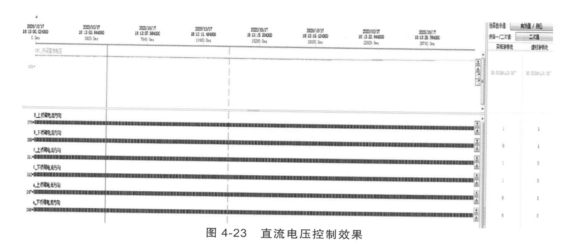

图 4-23　直流电压控制效果

表 4-22　直流电压记录表

直流电压设置值/kV	直流电压测量值/kV
60	60.01
55	55.01
50	50.02
45	45.00
40	40.02
35	35.01
30	30.00

4.6.7　电容均压试验

试验要求：子模块电容电压不平衡度 < 5%。

试验结果：试品运行在恒压控制模式，设定输出电压指令 60 kV，空载运行，利用后台监控系统监视高压侧级联子模块电容电压。测试数据如表 4-23 所示，运行数据如图 4-24 所示，测试结果符合要求。

表 4-23　电容均压试验测试数据

子模块编号	A相上桥臂	B相上桥臂	C相上桥臂	A相下桥臂	B相下桥臂	C相下桥臂
U_{P1}/V	846.1	845.4	845.5	843.3	844.0	843.0
U_{P2}/V	845.4	843.3	856.6	859.0	855.9	857.6
U_{P3}/V	845.3	843.4	845.2	853.7	843.8	856.4
U_{P4}/V	858.7	854.2	843.9	853.8	859.5	843.4
U_{P5}/V	858.6	856.1	844.7	859.0	843.1	843.8
U_{P6}/V	847.1	856.4	859.3	843.1	843.6	859.5
U_{P7}/V	855.7	844.7	859.4	853.4	859.3	857.9
U_{P8}/V	855.5	844.2	855.9	858.1	858.3	855.9
U_{P9}/V	855.4	860.1	845.5	853.9	858.4	842.0
U_{P10}/V	844.9	855.7	844.2	844.3	858.0	842.6
U_{P11}/V	856.1	859.7	844.6	842.9	857.5	855.8
U_{P12}/V	857.3	844.1	859.2	843.6	843.2	857.3
U_{P13}/V	855.9	844.7	844.7	856.8	857.3	855.9
U_{P14}/V	845.8	852.8	858.3	857.4	856.4	843.1
U_{P15}/V	845.5	844.8	856.8	851.8	857.1	842.4
U_{P16}/V	855.2	844.6	846.2	843.0	859.3	859.1
U_{P17}/V	845.9	844.9	856.7	843.4	844.3	842.7
U_{P18}/V	846.2	845.8	845.2	843.8	843.9	854.5
U_{P19}/V	856.4	855.6	854.3	844.2	848.3	841.5
U_{P20}/V	846.1	845.4	850.5	856.0	857.3	856.1
U_{P21}/V	855.4	856.5	860.0	852.3	847.3	855.2
U_{P22}/V	845.9	843.5	845.0	850.0	846.3	856.0
U_{P23}/V	846.8	857.9	844.1	843.7	856.6	842.2
U_{P24}/V	845.3	845.3	858.6	844.3	850.7	856.9
U_{P25}/V	858.1	857.1	845.0	843.5	859.6	842.5
U_{P26}/V	845.4	845.1	845.1	857.4	847.3	842.5
U_{P27}/V	847.0	845.2	845.1	843.5	844.5	842.2
U_{P28}/V	845.7	856.2	859.0	844.4	844.6	842.9

子模块编号	A相上桥臂	B相上桥臂	C相上桥臂	A相下桥臂	B相下桥臂	C相下桥臂
U_{P29}/V	845.8	852.8	854.9	843.7	854.5	858.8
U_{P30}/V	856.2	855.9	860.0	856.7	845.5	841.8
U_{P31}/V	845.6	857.8	856.2	855.3	855.0	842.5
U_{P32}/V	856.7	857.2	856.0	858.1	844.7	855.2
U_{P33}/V	855.7	851.9	858.2	844.3	854.2	855.3
U_{P34}/V	852.3	844.1	848.4	858.0	853.9	856.6
U_{P35}/V	852.1	853.1	847.3	857.9	846.4	842.0
U_{P36}/V	850.1	857.6	857.5	843.0	856.8	842.1
U_{P37}/V	847.6	857.5	845.3	843.8	845.2	842.3
U_{P38}/V	846.0	843.3	856.1	855.2	856.8	855.2
U_{P39}/V	846.0	844.9	843.8	858.8	856.1	856.3
U_{P40}/V	852.8	853.1	857.1	857.0	859.8	843.2
U_{P41}/V	852.9	852.5	857.8	843.2	846.4	855.8
U_{P42}/V	850.3	858.0	844.5	852.2	857.3	843.4
U_{P43}/V	855.5	843.3	845.0	842.9	847.1	843.3
U_{P44}/V	846.4	845.4	844.0	842.8	854.7	856.8
U_{P45}/V	846.5	843.7	844.2	843.0	854.6	841.9
U_{P46}/V	846.2	845.8	857.0	858.3	855.2	856.7
U_{P47}/V	853.4	852.6	856.5	858.8	853.7	856.2
U_{P48}/V	856.3	843.5	843.8	852.1	847.3	856.7
U_{P49}/V	856.1	858.0	844.7	858.1	859.2	842.9
U_{P50}/V	852.3	844.1	855.8	844.0	858.5	857.8
U_{P51}/V	855.5	844.4	859.3	858.4	856.8	854.6
U_{P52}/V	845.3	857.6	859.3	842.9	860.1	854.5
U_{P53}/V	852.1	843.9	859.3	843.0	859.0	856.7
U_{P54}/V	846.1	857.8	847.6	858.2	842.8	853.1
U_{P55}/V	852.2	843.5	856.3	858.1	843.0	855.1
U_{P56}/V	846.4	843.8	857.3	859.5	843.3	843.8
U_{P57}/V	845.9	843.8	845.1	853.5	857.4	842.3
U_{P58}/V	852.4	856.1	859.4	857.9	858.8	857.6
U_{P59}/V	846.2	843.5	859.1	844.1	857.1	856.4
U_{P60}/V	854.5	858.1	856.1	858.2	857.5	842.8
U_{P61}/V	851.6	857.8	859.1	858.2	844.9	842.9

子模块编号	A相上桥臂	B相上桥臂	C相上桥臂	A相下桥臂	B相下桥臂	C相下桥臂
U_{P62}/V	858.0	856.9	858.6	843.3	842.9	842.5
U_{P63}/V	843.2	845.8	844.8	843.6	857.5	842.8
U_{P64}/V	857.8	856.4	858.8	855.2	858.9	855.7
U_{P65}/V	842.9	843.3	844.7	844.8	842.9	843.5
U_{P66}/V	843.2	858.0	844.4	844.2	860.0	841.9
U_{P67}/V	844.4	848.6	858.6	843.3	857.8	859.8
U_{P68}/V	844.2	845.7	858.8	858.9	843.6	855.4
U_{P69}/V	842.4	847.1	859.0	844.4	843.4	843.1
U_{P70}/V	858.8	844.9	851.7	844.4	858.8	857.3
U_{P71}/V	857.7	845.3	844.9	843.8	858.8	843.3
U_{P72}/V	851.8	855.6	844.6	843.8	857.4	857.8
U_{avg}/V	850.4	850.1	851.9	850.2	852.4	850.0
不平衡度	0.98%	1.17%	0.95%	1.09%	1.12%	1.15%

注：级联子模块电容电压不平衡度计算公式为 $\max\left[\dfrac{\left|U_n-U_{avg}\right|}{U_{avg}}\times100\%\right]$，其中，$U_n$ 为每个子模块电压；

U_{avg} 为平均电压；n 为 $1\sim72$。

（a）A 相模组电压数据

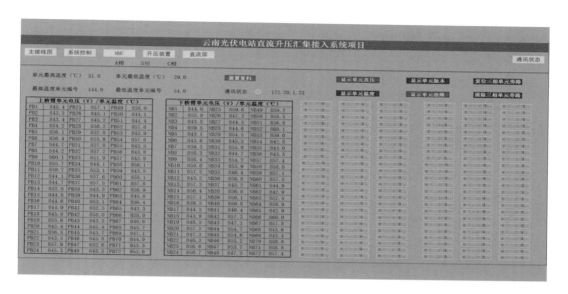

（b）B 相模组电压数据

（c）C 相模组电压数据

图 4-24 空载运行模组电压数据实时显示值

4.7　集中型光伏直流升压变换器带电分系统试验

4.7.1　启动及解锁

为减小直流变换器启动对系统的影响，需要在直流变换器解锁之前对变换器输出侧高压电容进行预充电。本系统首先通过 MMC 对汇集母线进行预充电；然后闭合汇集支路开关，对汇集支路线缆进行预充电；接着启动直流变换器，直流变换器首先闭合输出侧断路器，通过软启动电阻对电容进行预充电，一段时间后，当直流变换器检测到输出侧正负极电压达到 ±30 kV 后，预充电过程结束，直流变换器控制旁路接触器闭合，旁路软启动电阻，直流变换器解锁运行。集中型直流变换器启动及解锁过程电压、电流波形如图 4-25 所示。

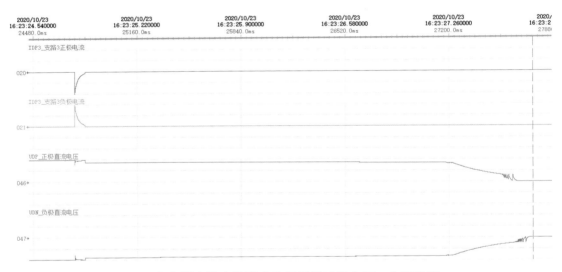

图 4-25　集中型直流变换器启动及解锁过程电压、电流波形

4.7.2　MPPT 稳定运行测试

集中型直流变换器的核心控制算法即为最大功率点跟踪控制。直流变换器解锁后能够较快跟踪到最大功率点稳定运行。稳态运行情况下的正、负极电压、电流波形如图 4-26 所示。

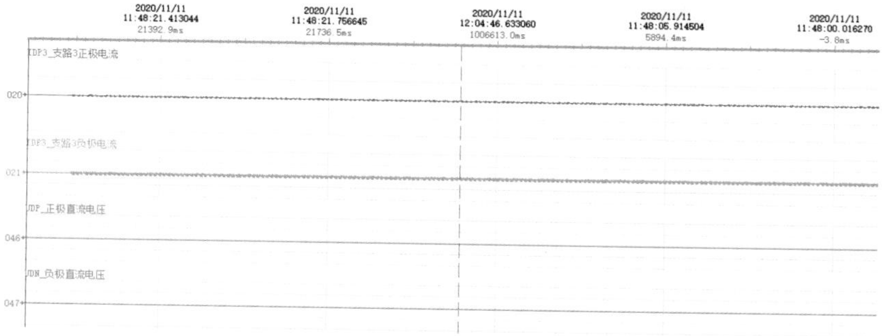

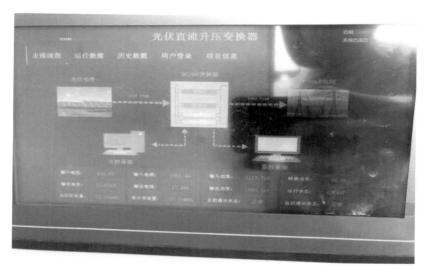

图 4-26　集中型直流变换器稳态运行波形

两台集中型直流变换器对应的两条汇集支路稳定运行，输出电压为 ±30 kV，输出平均电流为 13.7 A。额定功率 1 MW 时，MPPT 最大功率追踪是 1.1 MW，如图 4-27 所示。

图 4-27　变换器功率达到 1.1 MW

4.7.3　集中型直流变换器额定升压比测试

现场光伏阵列的开路电压为 850 V，最大功率点电压在 450～850 V，而 ±30 kV/1 MW 集中型直流变换器的实际输出电压范围为 ±33 kV。集中型直流变换器的实际升压比范围为 146 倍。

4.7.4　满功率运行测试

两台集中型直流变换器的满功率稳定运行波形如图 4-28 所示，变换器高压侧正负极输出电压为 ±30 kV，变换器输出电流为 16.7 A，瞬时功率达到 1 MW，如图 4-28 所示。

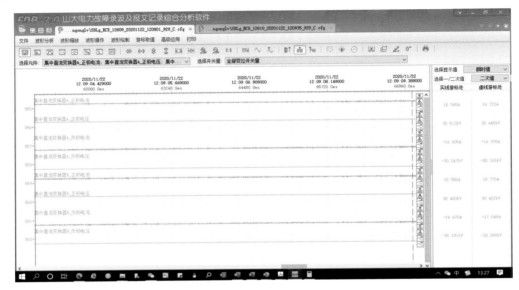

图 4-28　两台集中型直流变换器满功率运行电压电流波形

4.7.5　集中型直流变换器纹波测试

±30 kV/1 MW 集中型光伏直流变换器稳定运行后，通过测试直流变换器的输出电流平均值及输出电流峰-峰值，可以计算得出集中型直流变换器的输出电流纹波系数。

如表 4-24 所示，±30 kV/1 MW 集中型光伏直流变换器的输出电流平均值为 13.70 A，输出电流的峰-峰值为 0.61 A，由此可以计算得出集中型直流变换器的输出电流纹波系数为 4.45%。

表 4-24　集中型直流变换器纹波测试

输出正极电压/kV	输出负极电压/kV	输出电流平均值/A	输出电流峰-峰值/A	纹波系数/%
30.01	−29.86	13.70	0.61	4.45

4.7.6　集中型直流变换器效率测试

测试 ± 30 kV/1 MW 集中型光伏直流变换器的效率，得出集中型直流变换器在不同功率点下的转换效率，如图 4-29 所示，最大转换效率为 97.46%；在 80% 负载的时候效率达到 97.2%，如图 4-30 所示。

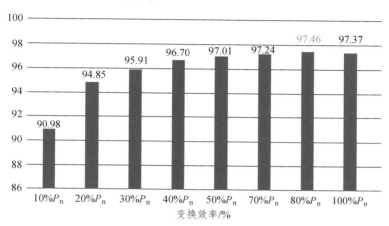

图 4-29　集中型光伏直流变换器转换效率测试

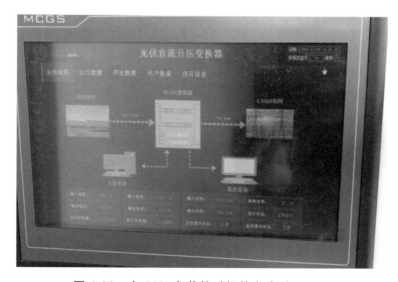

图 4-30　在 80% 负载的时候效率达到 97.2%

4.8　串联型光伏直流升压变换器带电分系统试验

4.8.1　稳定运行试验

稳态运行情况下串联型直流变换器的正、负极电压、电流波形如图 4-31 所示。500 kV 串联型直流变换器现场运行实时显示如图 4-32 所示。

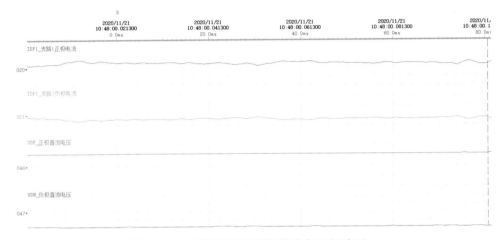

图 4-31　串联型直流变换器稳态运行波形

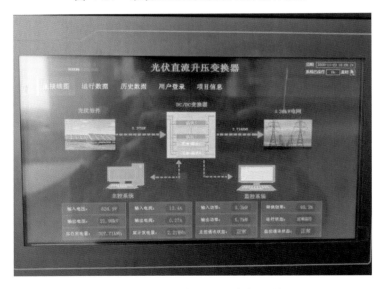

（a）串联型 A 套稳态运行控制器界面

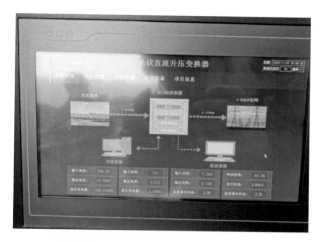

（b）串联型 B 套稳态运行控制器界面

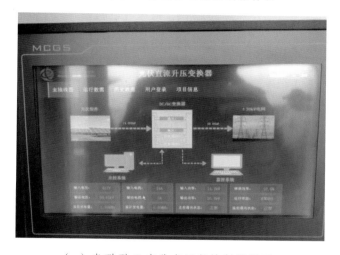

（c）串联型 C 套稳态运行控制器界面

图 4-32　500 kW 串联型直流变换器现场运行实时显示

4.8.2　串联型光伏直流升压变换器额定升压比测试

光伏阵列的开路电压为 850 V，最大功率点电压在 450～850 V，而 20 kV/500 kW 串联型直流变换器的实际输出电压为 0～33 kV，因此串联型直流变换器的实际升压比为 0～73 倍。

4.8.3 串联型直流变换器满功率测试

由 3 台 20 kV/500 W 串联型光伏直流变换器输出串联构成的 ±30 kV/1.5 MW 串联系统大功率运行波形如图 4-33 所示。由图可见，串联系统的正负极端口电压为 ±30 kV，输出电流为 21.3 A，由此可以计算得出串联系统的输出功率为 1 300 kW，达到 87% 的额定功率，串联系统运行稳定。

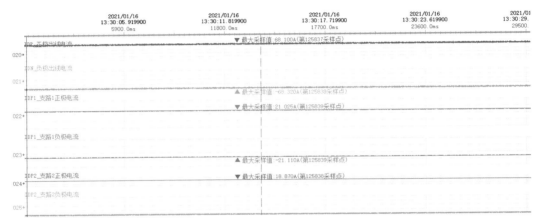

图 4-33 串联型直流变换器系统大功率运行电压、电流波形

4.8.4 串联型直流变换器纹波测试

三台 20 kV/500 W 串联型光伏直流变换器输出串联稳定运行后，通过测试串联系统的输出电流平均值及输出电流峰-峰值，可以计算得出串联型直流变换器的输出电流纹波系数，具体如表 4-25 所示。

表 4-25 串联型直流变换器纹波测试

输出正极电压/kV	输出负极电压/kV	输出电流平均值/A	输出电流峰-峰值/A	纹波系数/%
30.20	−29.97	18.20	0.71	3.90

备注：此数据为 3 台设备输出串联运行后测得。

由表 4-25 可以看出，3 台 20 kV/500 W 串联型光伏直流变换器输出串联运行的串联系统输出电流平均值为 18.2 A，输出电流的峰-峰值为 0.71 A，由此可以计算得出串联型直流变换器的输出电流纹波系数为 3.9%。

4.8.5　串联型直流变换器效率测试

通过对 20 kV/500 W 串联型光伏直流变换器的效率进行测试，可以得出串联型直流变换器在不同功率点下的转换效率，如图 4-34 所示。由图可以看出，串联型直流变换器的最大转换效率为 97.68%。

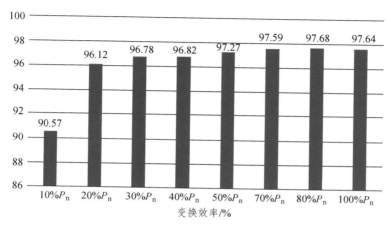

图 4-34　串联型光伏直流变换器转换效率测试

4.8.6　±30 kV/5 MW 光伏直流升压汇集系统大功率运行测试

5 MW 光伏直流升压汇集接入实证系统如图 4-35 所示。

图 4-35　5 MW 光伏直流升压汇集接入实证系统

±30 kV/5 MW 光伏直流升压汇集接入系统稳态运行数据如图 4-36 所示。4 台汇集支路稳定运行，系统的控制界面如图 4-37 所示，对应的系统运行数据如图 4-38 所示，实时录波如图 4-39 所示。

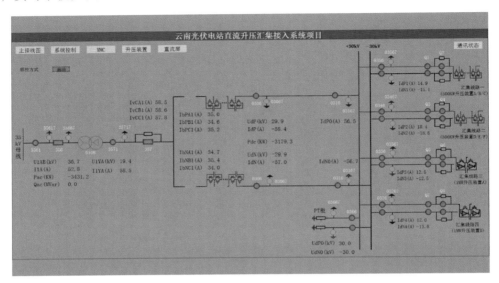

图 4-36　5 MW 光伏直流升压汇集系统运行状态

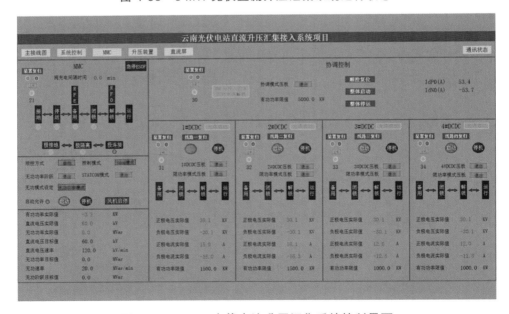

图 4-37　5 MW 光伏直流升压汇集系统控制界面

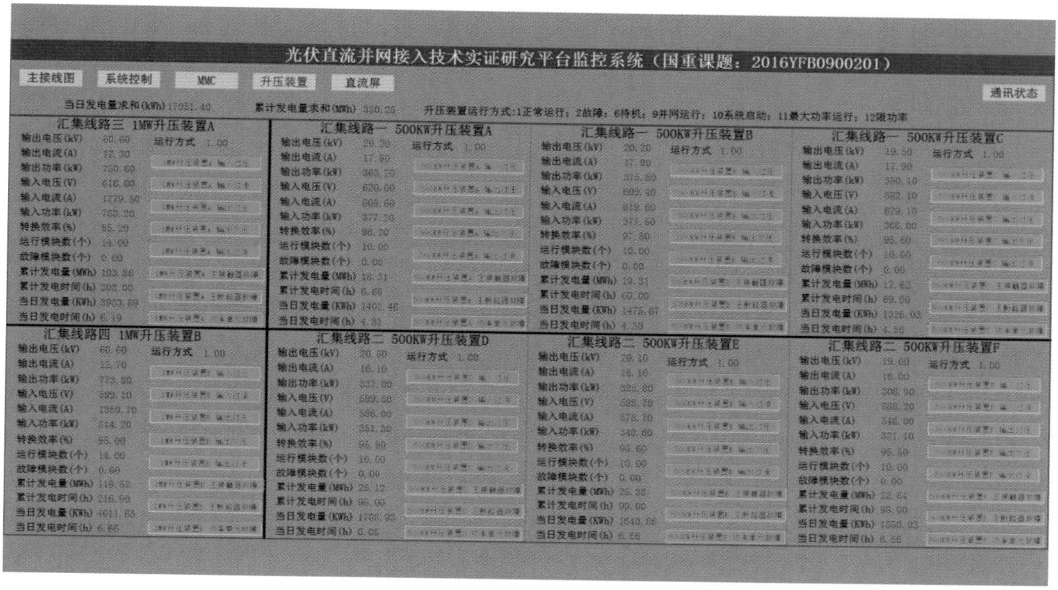

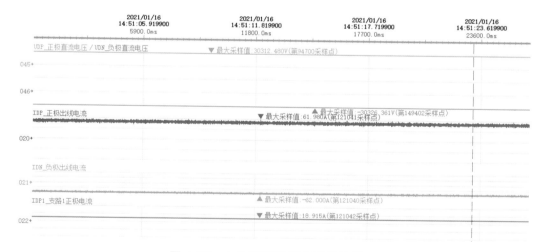

图 4-38　5 MW 光伏直流升压汇集系统运行数据

图 4-39　4 条支路运行实时录波图

由图 4-39 可以看出，4 条汇集支路全部投入运行，4 条汇集支路汇集后汇集母线的正负极电压为 ±30 kV，汇集母线的输出电流为 62 A，由此可以计算得到汇集功率为 3 720 kW，占 5 MW 系统容量的 75%。

4.9 直流变换器与 DC/AC 协调控制试验

4.9.1 系统软启动

光伏直流升压装置在启动运行之前，MMC 变换器需首先建立直流母线电压。为了减小直流升压装置启动对系统的影响，在直流变换器解锁前对变换器输出侧高压电容进行预充电。本系统首先通过 MMC 对汇集母线进行预充电，然后闭合汇集支路开关，对汇集支路线缆进行预充电；再启动直流变换器，直流变换器闭合输出侧断路器，通过软启动电阻对电容进行预充电，当直流变换器检测到输出侧正负极电压达到 ±30 kV 后，预充电过程结束。直流变换器控制旁路接触器闭合，旁路软启动电阻，直流变换器解锁运行。如图 4-40 所示是集中型光伏直流升压装置预充电暂态波形；如图 4-41 所示是集中型光伏直流升压装置预充电完成后解锁运行波形；如图 4-42 所示是串联型光伏直流升压装置预充电暂态波形；如图 4-43 所示是串联型光伏直流升压装置预充电完成后解锁运行波形。

图 4-40　集中型光伏直流升压装置预充电暂态波形

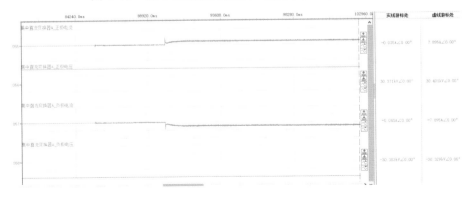

图 4-41　集中型光伏直流升压装置解锁运行波形

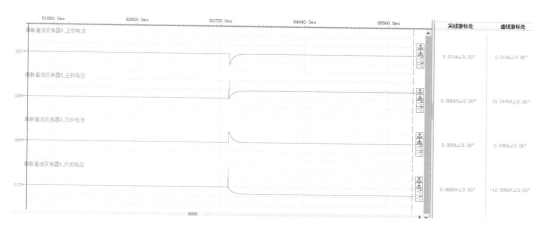

图 4-42　串联型光伏直流升压系统预充电暂态波形

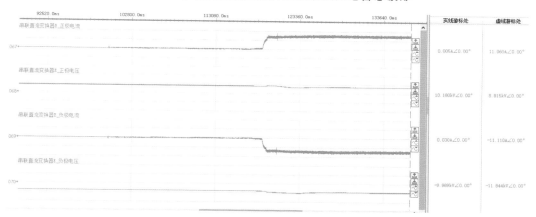

图 4-43　串联型光伏直流升压系统解锁运行暂态波形

4.9.2　系统停机

光伏直流升压汇集接入系统在正常停机时，首先光伏直流升压装置需要检测光伏输入电压、输入功率等停机条件，满足条件后进入正常停机流程。如图 4-44 所示是集中型光伏直流升压装置正常停机暂态波形，如图 4-45 所示是串联型光伏直流升压系统正常停机暂态波形。直流变换器闭锁停机后，其高压侧的电流降低为 0，其输出侧高压断路器与高压接触器依次分闸断开，由于变换器输出电容的支撑作用，其端口电压逐渐降低。

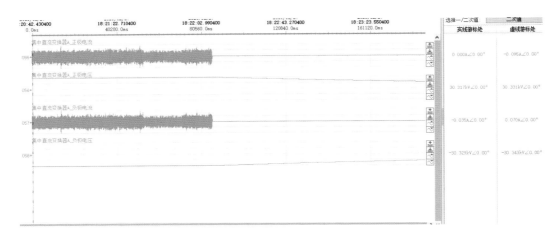

图 4-44　集中型光伏直流升压装置正常停机暂态波形

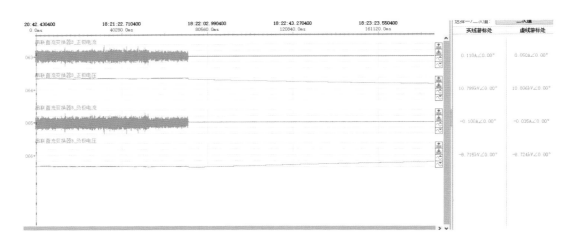

图 4-45　串联型光伏直流升压系统正常停机暂态波形

4.9.3　恒压控制试验

恒压控制模式运行时，在额定功率范围内，直流电压控制偏差 < ±1%。在背靠背试验系统中，试品设置恒压控制模式，设定电压指令为 60 kV，试品稳定运行，测试结果符合要求。试验数据如表 4-26 和图 4-46 所示。

表 4-26　恒压控制试验测试数据

有功输出功率点/kW	设定值/kV	直流电压输出		控制偏差/%
		正极/kV	负极/kV	
500	60.00	30.16	−30.09	0.41
1 000	60.00	30.18	−30.14	0.53
2 000	60.00	30.25	−30.15	0.67
3 000	60.00	30.20	−30.26	0.76
4 000	60.00	30.17	−29.99	0.26
5 000	60.00	30.06	−29.91	0.05

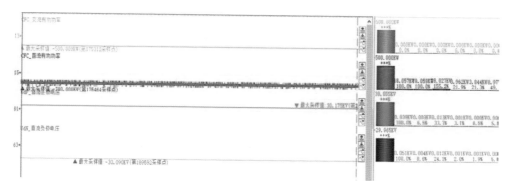

（a）500 kW 时恒压控制

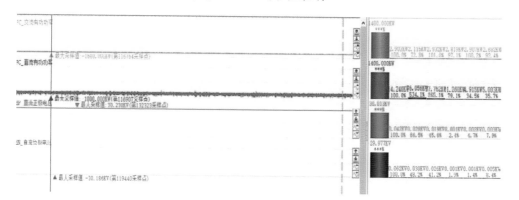

（b）1 000 kW 时恒压控制

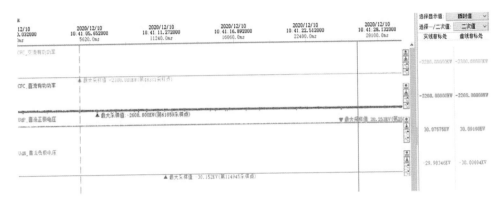

（c）2 600 kW 时恒压控制

图 4-46　不同功率点时恒压控制试验数据

4.9.4　有功功率控制试验

检验换流器功率控制是否正常；解锁后直流电压控制是否正常；检查允许充电条件、解锁允许条件满足后，按"启动"按钮，并自动解锁至运行状态，支路 3 投入且解锁运行，运行 1 小时。之后投入所有支路运行 1 小时，并记录相关数据。

测试判据：交直流侧有功功率平稳，有功超调小于 1 kW，直流电压纹波 ≤ ±2%。

试验记录：稳态运行后有功功率实测值波形，具体记录如表 4-27 所示。

表 4-27　有功功率试验记录表

功率点/kW	输入功率/kW	输出功率/kW	效率/%	直流电压纹波/%	
				正极	负极
500.0	− 540.6	− 498.7	92.24%	0.44	0.47
1 500.0	− 1 497.4	− 1 473.3	98.39%	0.63	0.62
2 000.0	− 2 259.0	− 2 195.3	97.18%	0.63	0.73
3 000.0	− 3 020.3	− 3009.1	99.62%	0.72	0.73
3 800.0	− 3 761.6	− 3 745.7	99.57%	0.57	0.90
5 000.0	− 5 005.0	− 4 989.0	99.60%	0.55	0.64

4.9.5　换流器无功功率试验

测试 DC/AC 换流器响应无功功率调节指令的能力。无功功率控制偏差 ≤ ±2%，直流电压纹波 ≤ ±2%。换流阀无功输出功率和无功吸收功率按照设置值输出能力依次递增至最大容量，分别测量不同输出的控制偏差。无功功率试验记录如表 4-28 所示。5 000 kvar 负荷运行试验数据如图 4-47 所示。

表 4-28　无功功率试验记录表

设定值/kvar	输出值/kvar	控制偏差/%	直流电压纹波/%	
			正极	负极
500.00	498.89	− 0.22	0.75	0.77
1 000.00	1 000.27	0.03	1.09	1.16
1 500.00	1 485.17	− 0.99	1.29	1.25
2 000.00	1 974.12	− 1.29	1.39	1.42
2 500.00	2 497.99	− 0.08	1.63	1.73
3 000.00	2 998.47	− 0.05	1.80	1.75
3 500.00	3 507.32	0.21	1.50	1.30
4 000.00	3 978.82	− 0.53	1.44	1.68
4 500.00	4 473.88	− 0.58	1.39	1.24
5 000.00	5 001.95	0.04	1.32	1.36
− 500.00	− 502.27	0.45	0.52	0.48
− 1 000.00	− 991.15	− 0.89	1.22	1.07
− 1 500.00	− 1 497.55	− 0.23	1.30	1.28
− 2 000.00	− 1 997.77	− 0.16	1.30	1.28
− 2 500.00	− 2 494.57	− 0.22	1.68	1.50
− 3 000.00	− 2 995.24	− 0.16	1.38	1.40
− 3 500.00	− 3 491.64	− 0.24	1.29	1.23
− 4 000.00	− 3 985.84	− 0.35	1.27	1.14
− 4 500.00	− 4 491.46	− 0.19	1.22	1.12
− 5 000.00	− 4 987.82	− 0.26	1.41	1.21

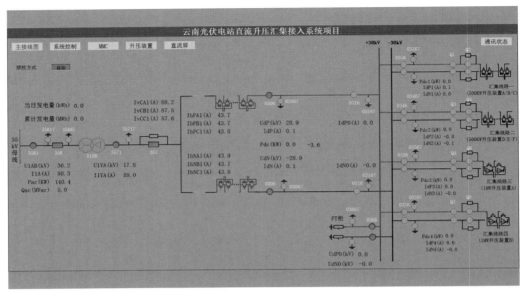

（a）

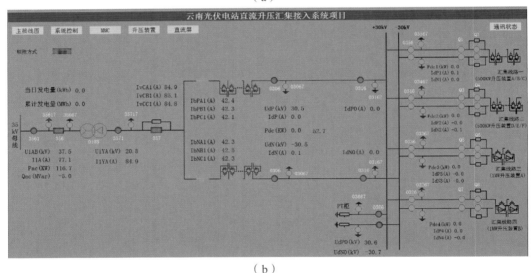

（b）

图 4-47　5 000 kvar 负荷运行试验数据

4.9.6　换流器功率阶跃试验

检验换流器的动态性能，投入无功功率阶跃，设置阶跃量为额定 5 MWA，阶跃响应小于 20 ms。突加无功实验波形如图 4-48 所示。

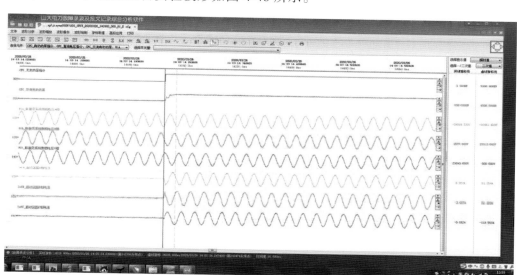

图 4-48　突加无功实验波形

4.9.7　响应时间试验

测试输出功率从 0 阶跃到 100% 额定容量，试品输出达到设定值 90% 所用的时间，响应时间≤20 ms。有功输出 0 kW 突增至 5 000 kW，响应时间 18.6 ms，测试数据如图 4-49 所示；无功输出 0 Mvar 突增至 5 Mvar，响应时间 18.4 ms，测试数据如图 4-50 所示。测试结果符合要求。

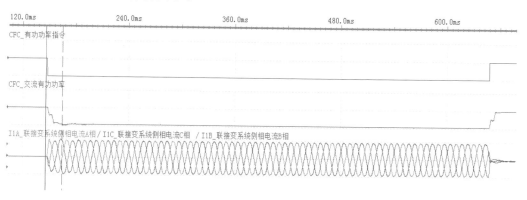

图 4-49　响应时间测试数据（有功输出 0 kW 突增至 5 000kW）

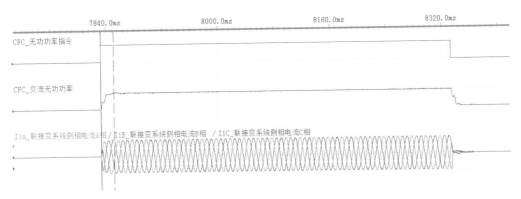

图 4-50　响应时间测试数据（无功输出 0 Mvar 突增至 5 Mvar）

4.9.8　空载特性试验

　　要求在恒压控制工作模式下，空载损耗 ≤ 60 kW，电压偏差 < 2‰。试验结果：试品恒压模式空载运行，设定电压指令 60 kV，试品空载运行，空载损耗为 37.2 kW，直流输出电压为 59.97 kV，电压偏差 < 2.0‰，运行数据如图 4-51 所示，测试结果符合要求。

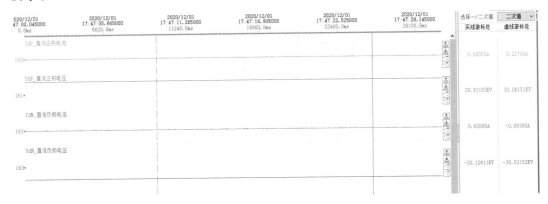

图 4-51　空载特性试验数据

4.9.9　效率试验

　　要求试品运行最高效率 ≥ 98%。在 500 ~ 5 000 kW 范围内，记录输入、输出功率，分析试品运行最高效率。测试数据如表 4-29 所示，最高效率点运行数据如图 4-52 所示，测试结果符合要求。

表 4-29　效率试验测试数据

最高效率点/kW	输入功率/kW	输出功率/kW	效率/%
1 460.0	1 457.0	1 438.6	98.73

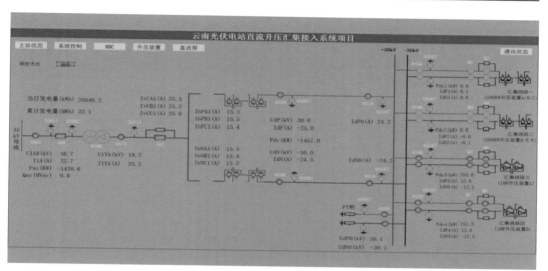

图 4-52　最高效率点运行数据

4.9.10　纹波试验

要求恒压控制模式运行时，在额定功率范围内，直流电压纹波 < 1%。在恒压控制模式，输出电压指令 60 kV，在空载、半载、满载运行时，测试输出直流电压纹波，测试结果如表 4-30 所示。

表 4-30　纹波试验测试数据

运行工况	U_A/%	U_B/%	U_C/%	I_A/%	I_B/%	I_C/%
5 Mvar	1.30	1.17	1.18	0.72	0.66	0.80
− 5 Mvar	1.67	1.54	1.11	1.21	1.06	1.07
5 MW	1.25	1.24	1.25	0.89	0.79	0.82

4.9.11　谐波试验

额定功率下运行，输出电流的谐波总畸变率 $THD \leqslant 5\%$，输出电压的谐波总畸变率 $THD \leqslant 3\%$，输出电压指令 60 kV，在有功满载、无功满载运行时，用电能质量分析仪测试交流侧输出电压和电流的谐波总畸变率 THD。测试数据如表 4-31 所示。

表 4-31　谐波试验测试数据

运行工况	$U_A/\%$	$U_B/\%$	$U_C/\%$	$I_A/\%$	$I_B/\%$	$I_C/\%$
5 Mvar	1.30	1.17	1.18	0.72	0.66	0.80
−5 Mvar	1.67	1.54	1.11	1.21	1.06	1.07
5 MW	1.25	1.24	1.25	0.89	0.79	0.82

4.9.12　噪声试验

要求输出额定容量时产生的噪声不大于 75 dB。分别测量集装箱四周各距 2 m、距地面高度 1.5 m 处的噪声，额定工作状态下，测试数据如表 4-32 所示，测量结果符合要求。

表 4-32　噪声试验测试数据

测量点	噪声测量值/dB	测量点	噪声测量值/dB
试品前	72.6	试品后	71.0
试品左	67.8	试品右	67.7

4.9.13　最大持续运行负荷试验

要求在最大运行负荷状态下能够长期稳定持续运行。在直流电压 ±30 kV、运行功率 ≥5.5 MW（1.1 倍额定电流）下正常运行直到模块温度稳定后，继续运行 120 min。试验过程中，试品应运行正常，无误触发、发送错误报文现象。具体运行数据如图 4-53 所示，测试结果符合要求。

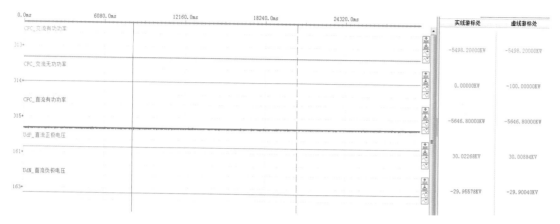

图 4-53　最大持续运行负荷试验数据

4.10　站间协调控制策略现场测试

4.10.1　DC/DC 控制（含不同工况下 MPPT 控制效果）

　　光伏直流串联升压汇集系统由于输入独立、输出串联，在串联系统各单元输入不均衡情况下，各单元的端口电压将发生变化。由 3 台 20 kV/500 kW 串联型光伏直流升压变换器输出串联组成 ± 30 kV/1.5 MW 光伏直流串联升压汇集系统，初始情况下 3 台变换器输出功率基本均衡，对应其输出电压也相对均衡。当串联系统中变换器的输入功率不均衡后，3 台变换器对应的输出电压也将进行调整。如图 4-54 所示是串联型光伏直流升压系统不同运行工况下输出电压、电流波形，由图可以看出，支路正极电压和负极电压分别为 + 30 kV 和 − 30 kV，在均衡情况下，中间一台直流变换器的输出正极电压和负极电压分别为 + 8.37 kV 和 − 12.035 kV；当 3 台变换器输入不均衡时，其输出整机电压和负极电压分别调整为 11.069 kV 和 − 9.611 kV。调整后串联系统稳定运行。

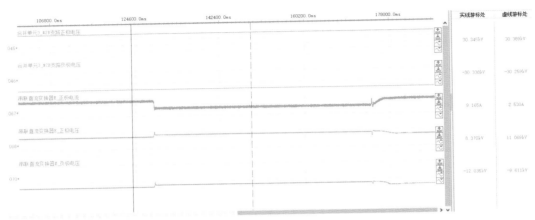

图 4-54 串联型光伏直流升压系统不同运行工况下输出、电压电流波形

4.10.2 光伏升压站与 DC/AC 换流站间协调运行

光伏直流升压变换器与 DC/AC 换流器间协调控制包括协调高压直流母线电压、协调故障保护、协调功率调节等控制策略验证。高压直流母线电压在直流升压装置要求 MMC 调整直流母线电压时,MMC 根据直流升压装置发送的直流母线电压参考值,调整直流母线电压。额定情况下正负极直流母线之间的电压为 60 kV,当要求调整母线电压为 55 kV 时,图 4-55 是直流母线电压额定 ± 30 kV 运行情况,图 4-56 是直流母线电压额定 ± 27.5 kV 运行情况。

图 4-55 直流母线电压额定 ± 30 kV

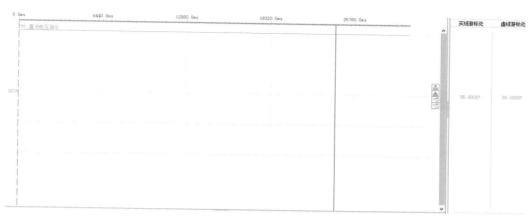

图 4-56　直流母线电压额定 ± 27.5 kV

4.10.3　光伏升压站与 DC/AC 换流站间协调故障保护

MMC 系统故障时，在 MMC 变换器自身闭锁的同时，给光伏直流升压装置发送交流系统故障信号，光伏直流升压装置检测到该交流系统故障信号后执行闭锁停机操作。同时，光伏直流升压装置自身也配置了完善的电压电流信号故障检测。当检测到故障特征时，光伏直流升压装置执行闭锁停机操作，给系统控制保护装置上传故障状态信号和故障码。如图 4-57 所示为 MMC 故障时直流母线电压的暂态波形，如图 4-58 所示为 MMC 故障时直流变换器停机闭锁暂态波形。

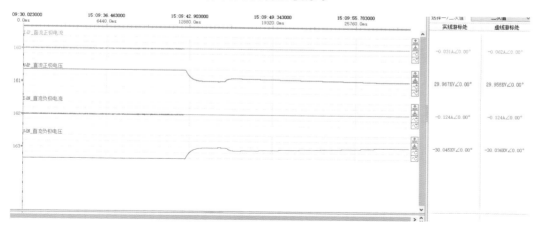

图 4-57　MMC 故障时直流母线电压的暂态波形

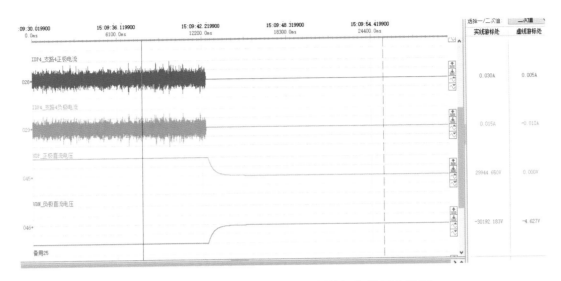

图 4-58   MMC 故障时直流变换器停机闭锁暂态波形

当光伏直流升压装置发生故障停机时，首先直流升压变换器闭锁，然后向系统控制保护装置上传故障状态和故障码。直流升压装置故障时的闭锁暂态波形如图 4-59 所示。

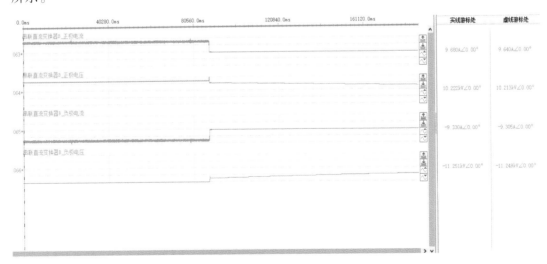

图 4-59   光伏直流升压装置自身故障时的停机闭锁

4.10.4　光伏直流升压站与 DC/AC 换流站间协调功率调节

直流升压汇集接入系统响应电网功率调度的要求,直流 DC/DC 变换器对比功率调度指令和当前实际光伏功率,若当前光伏实际功率大于限功率指令值,则控制直流变换器偏离 MPPT 工作点而进入限功率控制模式;若当前光伏输出功率值小于电网功率调度指令值,则按照当前的实际光伏功率输出。如图 4-60 所示为直流变换器接受电网功率调度时的暂态波形。由该图可以看出,直流变换器接收调度指令将功率由 800 kW 限到 400 kW,然后调节到 800 kW。

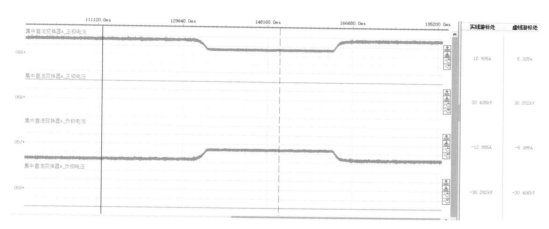

图 4-60　光伏直流升压装置协调功率调节暂态

4.11　光伏直流升压汇集系统运行情况分析

4.11.1　1 MW 集中型光伏直流升压变换器典型日负荷

图 4-61 和图 4-62 是 1 MW 集中型光伏直流升压变换器典型日运行曲线,包括实时功率及效率,数据取自直流变换器显示屏。可以看出,在晴天情况下,最大实时功率可达 904 kW,全天总发电量达 5 785.5 kWh;在多云情况下,实时功率波动比较大,全天总发电量达 4 330.5 kWh。

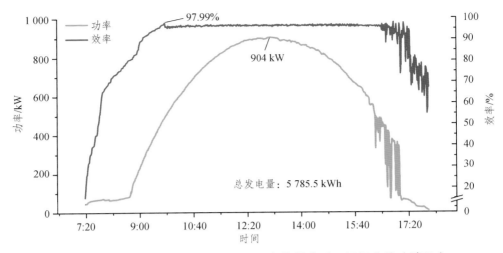

图 4-61　1 MW 集中型光伏直流升压变换器典型日运行曲线（晴天）

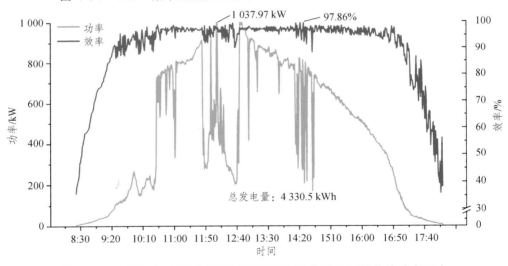

图 4-62　1 MW 集中型光伏直流升压变换器典型日运行曲线（多云）

4.11.2　500 kW 串联型光伏直流升压变换器典型日运行曲线

图 4-63、图 4-64、图 4-65 分别是 3 台串联型光伏直流升压变换器典型日运行曲线，包括实时功率及效率，数据取自直流变换器显示屏。可以看出，3 台直流变换器均运行良好，3 台的总负荷超过 1 MW。

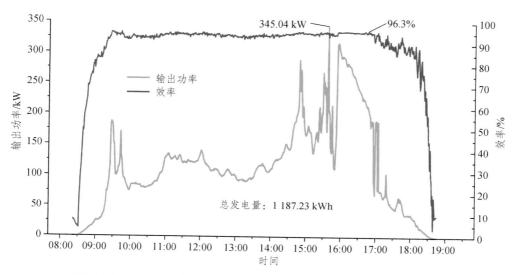

图 4-63　500 kW 串联型光伏直流升压变换器 A 典型日运行曲线

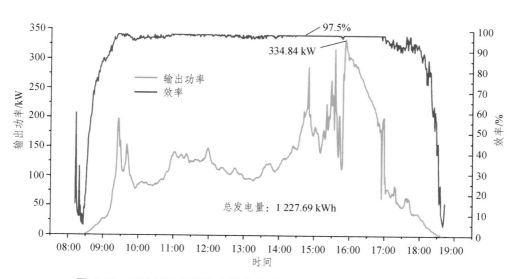

图 4-64　500 kW 串联型光伏直流升压变换器 B 典型日运行曲线

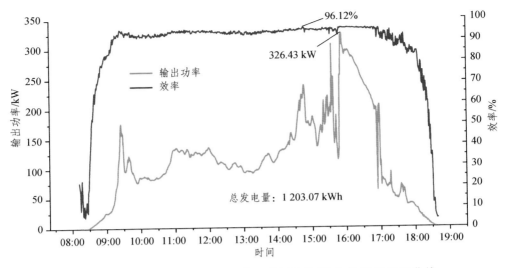

图 4-65　500 kW 串联型光伏直流升压变换器 C 典型日运行曲线

4.11.3　光伏交流系统与直流系统方案性能对比

根据光伏电站总图（见图 4-66），直流升压并网的光伏发电单元为 16 #、17#、18#、19#、20 #光伏阵列，与这 5 个光伏单元紧邻的是 22 #光伏发电单元。

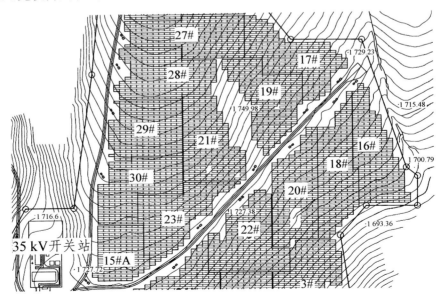

图 4-66　光伏电站平面布置图

　　由图 4-66 中位置和地势可以看出，22# 光伏单元地势朝向和坡度与直流升压并网发电单元非常接近，因此可以用 22 #光伏发电单元交流发电数据与直流升压并网发电作为对比。

　　根据当地气象辐照条件，选取晴朗天气条件对比数据，2020 年 12 月 26 日辐照条件为非常典型的晴朗天气，其辐照如图 4-67 所示。

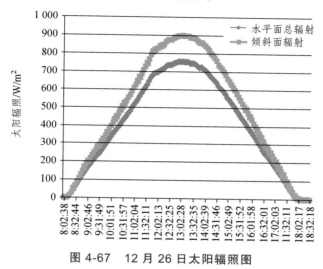

图 4-67　12 月 26 日太阳辐照图

　　根据 22# 交流发电单元发电数据，并考虑其各种发电损耗情况，其在 2020 年 12 月 26 日发电功率如图 4-68 所示。

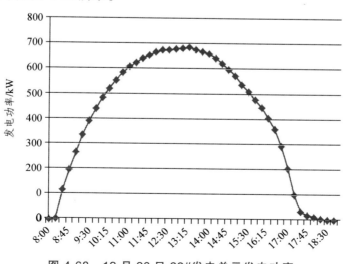

图 4-68　12 月 26 日 22#发电单元发电功率

将直流升压并网系统的发电数据折算为 1 MW 的发电数据，在上午时间段与 22 #发电单元发电功率进行对比，如图 4-69 所示。

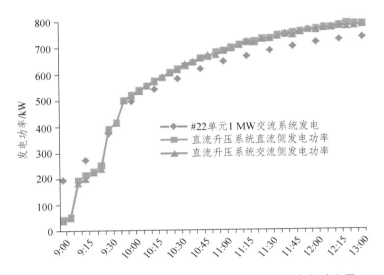

图 4-69　12 月 26 日直流系统和交流系统发电功率对比图

由图 4-69 可以看出，直流升压系统的发电功率要高于交流系统，这是因为直流发电系统降低了电缆传输损耗和变压器损耗。

4.11.4　串联型与集中型光伏直流升压系统方案运行情况对比

对 2020 年 12 月 26 日早上 10 点到 12 点 30 每隔 5 分钟输出功率数据进行记录，如图 4-70 所示。8 台 DC/DC 设备输出功率均折算为每千瓦输出值，从图 4-70 中可以清楚地看到，在这段时间内，集中式 DC/DC 比串联设备的发电效率要高，两套集中型 DC/DC 水平相当。从实际调试过程和试运行期间的发电状态来看，串联型系统技术难度均较集中型大很多，系统稳定性也稍逊于集中型系统。

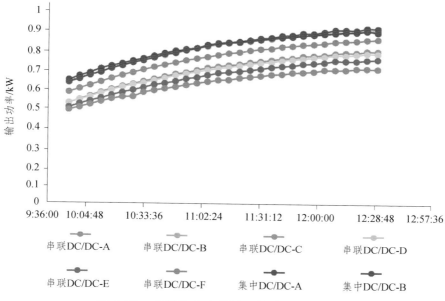

图 4-70　串联和集中升压系统输出功率比较

参 考 文 献

[1] 胡子珩，马骏超，曾嘉思，等. 柔性直流配电网在深圳电网的应用研究[J]. 南方电网技术，2014，8（6）：44-47.

[2] GU Y，XIANG X，LI W，et al. Mode-adaptive decentralized control for renewable DC microgrid with enhanced reliability and flexibility[J]. IEEE Transactions on Power Electronics，2014，29（9）：5072-5080.

[3] PARK J D，CANDELARIA J. Fault detection and isolation in low-voltage DC-bus microgrid system[J]. IEEE Transactions on Power Delivery，2013，28（2）：779-787.

[4] XUE S，GAO F，SUN W，et al. Protection principle for a DC distribution system with a resistive superconductive fault current limiter[J]. Energies，2015，8（6）：4839-4852.

[5] 李斌，何佳伟. 柔性直流配电系统故障分析及限流方法[J]. 中国电机工程学报，2015，35（12）：3026-3036.

[6] YANG J，FLETCHER J E，et al. Short-circuit and ground fault analyses and location in VSC-based DC network cables[J]. IEEE Transactions on Industrial Electronics，2012，59（10）：3827-3837.

[7] 魏宝林. 低压配电系统快速确定断路器整定电流值的原则[J]. 电工技术，2003（8）：58-59.

[8] 赵争鸣，雷一，贺凡波，等. 大容量并网光伏电站技术综述[J]. 电力系统自动化，2011，35（12）：101-107.

[9] 蔡文迪，朱淼，李修一，等. 基于阻抗源变换器的光伏直流升压汇集系统[J]. 电力系统自动化，2017，15：15-17.

[10] 汪海宁，苏建徽，丁明，等. 光伏并网功率调节系统. 中国电机工程学报，2007，27（2）：75-79.

[11] HEMNANNU，LANGER H G. Low cost DC to AC converter for photovoltaic power conversion in residential applications[J]. IEEE Power Electronics Specialists Conference，1993：588-594.

[12] KJAER S B，PEDERSEN J K，BLAABJERG F A. Review of single-phase grid-connected inverters for photovoltaic modules[J]. IEEE Transactions on

Industry Applications, 2005, 41（5）: 1292-1306.

[13] BOWER W. The AC PV building block-ultimate plug-n-play that brings photovoltaics directly to the customer[C]. NCPV and Solar Program Review Meeting, 2003: 311-314.

[14] 李明杨. 独立光伏发电系统的控制策略及其应用研究[D]. 长沙：中南大学，2010.

[15] 范元亮，赵波，江全元，等. 过电压限制下分布式光伏电源最大允许接入峰值容量的计算[J]. 电力系统自动化，2012，36（17）: 40-44.

[16] 宁光富，陈武，曹小鹏，等. 适用于模块化级联光伏发电直流并网系统的均压策略[J]. 电力系统自动化，2016，40（19）: 66-72.

[17] 苏建徽，余世杰，赵为，等. 硅太阳电池工程用数学模型[J]. 太阳能学报，2001（4）: 409-412.

[18] 陈中华，赵敏荣，葛亮，等. 硅太阳电池数学模型的简化[J]. 上海电力学院学报，2006，22（2）: 178 - 180.

[19] GOW J. Development of a photovoltaic array model for use in power- electronics simulation studies[J]. IEEE Proceedings-Electric Power Applications, 1999, 146(2): 193.

[20] 胡义华，陈昊，徐瑞东，等. 光伏电池板在阴影影响下输出特性[J]. 电工技术学报，2011，26（1）: 123-128.

[21] 刘邦银，段善旭，康勇. 局部阴影条件下光伏模组特性的建模与分析[J]. 太阳能学报，2008，29（2）: 188-192.

[22] 管笛，刘忠洋. 一种新的太阳能电池阵列数学物理模型[J]. 科学技术与工程，2011，11（30）: 7379-7381.

[22] 乔瑛瑛，杨嘉祥. 基于 Saber 的 Boost 电路仿真与分析[J]. 大众科技，2009（1）: 68-69.

[23] 高延丽，焦晓雷，黄红桥，等. 基于 Saber 平台的光伏并网微逆变器建模及仿真分析[J]. 电工电气，2013（6）: 19-22.

[24] 徐鹏威，刘飞，刘邦银，段善旭. 几种光伏系统 MPPT 方法的分析比较及改进[J]. 电力电子技术，2007.5，41（5）: 3-5.

[25] 李晶，窦伟，徐正国，等. 光伏发电系统中最大功率点跟踪算法的研究[J]. 太阳能学报，2007.3，28（3）: 265-273.

[26] 崔岩，蔡炳煌，李大勇，等. 太阳能光伏系统 MPPT 控制算法的对比研究[J]. 太阳能学报，2006.6，27（6）: 535-539.

[27] 杨飞，惠晶. 基于 Fibonacci 搜索的光伏发电 MPPT 控制策略[J]. 现代电子技术，

2009（8）：182-185.

[28] 陈武，阮新波，庄凯. 输入串联输出并联 DC/AC 逆变器系统的控制策略[J]. 中国电机工程学报，2010，（15）：16-23.

[29] 张容荣. 输入并联输出串联组合变换器控制策略的研究[D]. 南京：南京航空航天大学，2008.

[30] 程璐璐. 输入串联输出并联组合变换器控制策略的研究[D]. 南京：南京航空航天大学，2007.

[31] 罗宇强，谭建成，董国庆. 级联式光伏电站直流并网拓扑及其控制策略[J]. 电力系统保护与控制，2016，44（13）：14-19.

[32] 鞠昌斌，王环，冯伟，等. 应用于柔性直流输电网的光伏直流并网变流器研究[J]. 可再生能源，2014，32（9）：1274-1280.

[33] 王富卿. 分布式光伏发电并网系统研究与设计[D]. 北京：华北电力大学，2016.